QUELQUES VUES PRATIQUES

POUR

L'AMÉLIORATION DU SORT

DE LA

POPULATION RURALE

DES FLANDRES.

PAR H. K.

GAND,

IMPRIMERIE DE P. VAN HIFTE.

—

1845.

QUELQUES VUES PRATIQUES

POUR

L'AMÉLIORATION DU SORT

DE LA

POPULATION RURALE

DES FLANDRES.

A Monsieur le Rédacteur de *l'Organe des Flandres*,

MONSIEUR,

J'ai cru pouvoir vous adresser quelques pages contenant à mon avis des *vues pratiques pour l'amélioration du sort de la population rurale des Flandres.*

Les idées que j'émets ont le mérite de l'actualité, puisque tout le monde, gouvernement et particuliers, paraissent être convaincus que le moment est arrivé de s'occuper, plus spécialement qu'on ne l'a fait jusqu'ici, de la position malheureuse de la classe ouvrière.

L'accroissement du paupérisme frappe tous les esprits, met en travail toutes les imaginations, donne naissance à des théories de toute espèce, ou dangereuses pour la propriété et pour l'ordre public dans le présent, ou faisant douter et désespérer de l'avenir.

Quant à l'avenir, on se demande où s'arrêtera le mal lorsqu'on voit que la production et l'accumulation des richesses sont accompagnées d'une augmentation proportionnelle de misères et de souffrances.

Ce phénomène social n'est plus un mystère pour personne : la Belgique comme l'Angleterre, comme une partie notable de la France, comme l'Allemagne où les progrès dans l'industrie et dans la création des richesses, quoique tardifs, ont été si remarquables, la Belgique, dis-je, éprouve la même crise.

Elle a beau se complaire dans l'accroissement de ses capitaux, dans l'achat d'une quantité de biens fonds qui appartenaient autrefois à des étrangers, dans l'extension qu'ont prise les routes, les canaux et les chemins de fer, dans la plus value de la superficie de son sol, dans l'extraction de jour en jour plus importante de ses richesses minérales, toute cette énumération de valeurs ne forme malheureusement pas le tableau complet de sa situation ; ce n'est qu'une face de la médaille dont il importe de voir le revers. Et ce revers nous représente le paupérisme marchant de front avec l'augmentation de la richesse !

A ce point de vue on serait tenté d'adopter les désespérantes théories de l'école de Malthus sur la population, sur l'insuffisance permanente du travail, sur l'impossibilité d'arrêter l'accroissement du nombre des pauvres ; on se laisserait parfois aller à désespérer de l'avenir de la société. Alors on se croiserait les bras, et comme conséquence des principes fatalistes de cette école, on ne se donnerait pas le souci de chercher des remèdes ou d'apporter des soulagemens à la position malheureuse de ses semblables.

Cette négation de la puissance de la charité et du travail serait le plus grand des malheurs et compléterait toutes les ruines. Cette abstention donnerait un libre cours au torrent qui ne trouverait plus d'obstacles dans sa marche déjà trop rapide. C'est ce qu'ont senti un grand nombre d'hommes généreux dont les efforts ont été en raison des difficultés qu'ils avaient à vaincre et de la grandeur du résultat qu'il s'agissait d'obtenir. Comme je l'ai déjà dit, ces hommes ne s'abandonnent pas à un lâche désespoir ; s'ils voient de grandes misères, ils sont ingénieux à multiplier et à inventer des moyens pour les soulager. Ce spectacle consolant nous est donné surtout dans les Flandres, où le paupérisme a, plus que dans aucune autre partie de la Belgique, établi son empire. On connaît les nombreux écrits que la crise linière a mis au jour ; les comités de travail multipliés qui se sont formés ; les beaux établissemens de charité qui ont été érigés jusques dans les villages les plus humbles. Chacun a voulu séconder les efforts qu'on tentait afin de soulager la misère ou procurer du travail.

Je crois cependant que tout n'a pas été fait, et que la carrière n'est pas encore fermée. Je me hasarde donc d'apporter aussi une pierre à la digue qui doit arrêter le torrent, persuadé qu'en réussissant, un grand service peut être rendu à l'humanité, et qu'en ne réussissant pas, la tentative est néanmoins louable.

Par suite de la crise linière, un nombre immense de bras est sans travail; la misère est à son comble dans un grand nombre de localités, et la population rurale lutte contre l'adversité avec un courage et une résignation dont on ne trouve ailleurs pas d'exemples.

Que faut-il faire dans l'intérêt de cette classe de citoyens si résignée et si courageuse?

Faut-il la déclasser, la dépayser dans d'autres provinces de la Belgique où les bras sont moins offerts, parce que la population y est moins nombreuse?

Faut-il prendre le dernier et le plus violent des partis, faut-il lui chercher sur la terre étrangère une nouvelle patrie, parce que sa patrie à elle ne peut plus lui donner du pain? Faut-il en un mot appauvrir la Belgique de population, tandis qu'elle s'enrichit de capitaux?

Extrémité funeste, à laquelle nous ne sommes pas encore réduits; remède préconisé par des empiriques qui n'ont vu que la surface de la lésion sans avoir sondé le fond de la plaie. Grâce à Dieu, la Belgique n'est pas réduite à devoir pousser ses enfans à l'émigration; elle ne doit pas même les déclasser d'une province dans une autre. Les populations rurales des Flandres peuvent trouver un travail justement rétribué dans les Flandres mêmes, sans que ce résultat soit acheté par des sacrifices trop considérables de la part de la généralité, ou par des mesures extraordinaires qui blessent les habitudes, contrarient les préjugés ou les allures de ces populations.

Ce résultat, et c'est ce que prouvera cet écrit, n'est pas hors de la portée d'un administrateur ordinaire. Il suffit, pour l'atteindre, de connaître les besoins des campagnes, d'étudier les moyens d'y satisfaire et une certaine dose de persévérance et de bonne volonté. Les mesures à proposer doivent être simples et à la portée de l'intelligence de tout le monde. Sans cette condition, elles seraient répudiées par la seule application qu'on leur ferait du nom de théories et par la peur qui nous gagne lorsque la Belgique est appelée à tenter quelque chose de décisif. Elles doivent être peu coûteuses, parce que toute dépense qui n'a pas pour objet des travaux publics est regardé comme une dilapidation.

Elles doivent être faciles, parce que tout effort extraordinaire court risque de manquer de dévouement, et qu'en Belgique comme ailleurs, chacun s'applique à garder sa position ou à l'améliorer, sans s'inquiéter de celle d'autrui.

Enfin, ces mesures, pour être efficaces, doivent être appropriées aux habitudes et aux goûts des habitans, doivent convenir aux localités. Il faut les trouver dans ces localités mêmes, ne pas jeter les campagnards dans une autre atmosphère en recourant à des industries opposées à celles qu'ils exercent déjà ; en un mot, il faut faire en sorte que les ouvriers des campagnes de la Flandre trouvent dans les campagnes mêmes les moyens de travailler. Leur domicile industriel doit leur être conservé ; et comme leurs principales ressources ont consisté jusqu'à présent dans l'agriculture et dans la fabrication des toiles, c'est à ces deux sources de production qu'il est nécessaire d'apporter des améliorations et un accroissement dont puissent s'alimenter les besoins de cette population nombreuse.

Ce n'est pas à dire pour cela qu'il ne faut pas recourir à l'introduction de quelques nouvelles industries. On fera bien, au contraire, de chercher dans notre tarif des douanes de quoi fournir un supplément de travail qui soit approprié à nos campagnes, qui puisse s'allier aux habitudes qui existent déjà. Mais le choix de ces industries doit être fait avec discernement, de peur que la tendance funeste qui pousse les habitans des campagnes vers les villes ne reçoive un encouragement de plus. Il n'est pas nécessaire d'ajouter un poids nouveau à la balance de la concurrence, lorsque l'équilibre a déjà tant de peine à s'établir.

Nous chercherons donc un remède à nos maux dans l'agriculture, dans des mesures douanières propres à favoriser l'introduction de nouvelles industries, qui conviennent aux goûts et à l'aptitude des ouvriers de la campagne, enfin, dans l'industrie linière elle-même.

II. — *Agriculture.*

Cette branche si importante de notre production est actuellement l'objet de l'attention générale ; c'est, comme on dit aux Chambres et dans les journaux, la question à l'ordre du jour.

La Belgique, après avoir été citée pendant deux siècles pour modèle dans la science agricole, est représentée par quelques-uns comme ayant rétrogradé, par quelques autres moins chagrins comme restant stationnaire. Je crois que ni l'une ni l'autre opinion n'est fondée. Mais voici la vérité : La science agricole s'est laissée devancer sous quelques rapports par les Anglais, qui ne l'approchaient pas il y a cinquante ans ; elle s'est laissée presque atteindre par les Français et les Allemands, qui étaient d'elle, il y a cinquante ans, à une distance considérable.

Les Belges voient donc avec inquiétude et avec un esprit national jaloux, les succès des Anglais, les efforts et les progrès des Français et des Allemands. Ils entendent parler de conseil central d'agriculture, de comices agricoles, de fermes modèles, de concours et d'exhibitions d'animaux et de fruits produits par la culture des terres, d'enseignement agricole mis à la portée des populations, d'instrumens aratoires perfectionnés qui facilitent le travail et la production.

Comme on voit très-peu de ces choses chez nous, quelques-uns en concluent que nous avons rétrogradé. Ils ont raison de réclamer des institutions qui nous manquent, un enseignement agricole qui nous fait défaut. Mais dire ou que l'agriculture belge soit restée stationnaire, ou, ce qui est encore pis, qu'elle ait rétrogradé, est démenti par les faits pour quiconque observe ce qui se passe sur nos terres.

Il y a environ 80 ans que les Anglais, frappés de la supériorité de l'agriculture flamande, s'empressèrent d'introduire chez eux notre principal outil agricole, la charrue flamande sans avant-train, à laquelle ils apportèrent quelques légères modifications, et ils se trouvèrent bien de l'usage de cette charrue et des perfectionnemens qu'ils avaient imaginés.

Sous la restauration l'impulsion fut donnée en France. Les plus hauts personnages de l'Etat, les esprits les plus élevés portèrent leurs regards vers l'agriculture. Il y eut un entraînement général, et des succès éclatans qui firent l'objet de nombreux et de brillans écrits.

Chaque méthode ou découverte nouvelle était publiée et exaltée ; chacun s'ingéniait soit à améliorer l'assolement et les rotations de culture, soit à perfectionner les outils de travail.

C'est alors que M. Mathieu de Dombasle importa d'Angleterre la fameuse charrue sans avant-train. Il la modifia encore, et on fit des efforts inouïs pour en propager l'usage en France, où la charrue flamande, après avoir pérégriné de chez nous en Angleterre et de ce dernier pays en France, fut naturalisée et propagée sous le nom de charrue de Roville.

L'histoire de cette charrue est l'histoire de notre agriculture.

Presque toutes les découvertes et les procédés nouveaux dont les agronomes étrangers font parade dans leurs écrits, ont été mis en pratique dans les Flandres d'où ils ont passé dans d'autres pays. Là on a revêtu nos procédés d'une forme scientifique qui éblouit plus qu'une simple application, et dans certains cas, il faut en convenir, ils ont amélioré ce qu'ils avaient emprunté, comme cela a eu lieu pour la charrue de Roville. Les sciences positives comme la chimie et la mécanique leur ont prêté un puissant concours.

Ainsi, quoique la pratique de l'agriculture belge soit excellente et ait servi de modèle à nos voisins, nous avons à notre tour à imiter les améliorations que la science et la réflexion leur ont suggérées.

Comme en France, comme en Angleterre, il y a dans les Flandres des progrès à faire. L'industrie agricole, quelque avancée qu'elle soit, ne peut pas s'arrêter. Elle suit les mêmes lois que toutes les autres industries. Et plus que toutes les autres industries elle est tenue au progrès, parce que la moindre simplification de travail ou le moindre accroissement dans la production, agissant sur une masse immense de main-d'œuvre et de valeurs, doit influer puissamment sur la richesse publique et sur le bien-être de la classe ouvrière.

C'est ainsi que la culture des turneps qui fut généralisée en Angleterre lorsque la maison de Hanovre y monta sur le trône, eut pour l'agriculture anglaise des résultats qu'on croirait fabuleux, lorsqu'on voit, dans les statistiques agricoles et dans les écrits des agronomes de ce pays, que la culture des navets, en apparence si peu importante parce qu'elle ne se résout pas immédiatement en argent, qu'elle ne favorise que l'élève du bétail, a acquis à la rente territoriale une augmentation de cent millions de francs.

Ainsi la Belgique a le plus grand intérêt à l'importation de toute machine nouvelle et de toute culture perfectionnée, car on peut soutenir que, si tout son sol était cultivé comme le pays de Waes ou comme les environs de Gand, sa production agricole serait doublée.

Il existe en Belgique une ligne de démarcation très-sensible quant à l'agriculture.

Les Flandres, une partie du Hainaut et du Brabant n'ont presque rien à demander à l'enseignement agricole : il n'en est pas de même ailleurs.

Dans la première division, le système de culture alterne, c'est à dire, la succession des céréales à une culture sarclée, est généralement admis. Il résume tous les progrès qui sont indiqués par la science.

Dans l'autre division la rotation est loin d'être aussi parfaite.

Quoiqu'il n'y existe peut-être pas dix fermes qui aient conservé l'assolement triennal dans toute sa pureté, quoique la jachère ait disparu pour faire place à la production des fourrages et des racines, quoique même l'assolement, de triennal qu'il était, ait été étendu à 4 ou 5 ans, on y est encore loin de la culture alterne telle qu'elle est établie dans les Flandres. C'est donc à généraliser cette manière de cultiver qu'on doit s'attacher.

Mais comme il faut une multitude de bras dans cette culture à cause des sarclages et des binages qu'elle exige, et comme, dans toutes les localités, la population n'est pas suffisante, on doit y suppléer par le travail d'instrumens aratoires perfectionnés ou nouveaux, tels que la houe à cheval, l'extirpateur, les semoirs, les machines à battre le grain ; la mécanique peut y rendre les plus grands services.

Dans les parties du pays où l'agriculture est le plus perfectionnée, la voie du progrès n'est pas non plus fermée : beaucoup d'améliorations peuvent être introduites, les unes, générales comme le perfectionnement de la race du bétail qui n'est pas en raison de la production des fourrages et des racines; les autres, locales, qui sont indiquées par l'infériorité qui se remarque dans un canton eu égard à un canton voisin pour l'une ou l'autre spécialité agricole.

Dans les Flandres, le système de culture alterne n'est pas porté partout au même degré de perfection, et pour preuve il suffit de citer quelques faits.

La manière de cultiver le lin est bien mieux entendue dans certaines localités que dans d'autres.

Dans certains cantons on tire grand parti d'une plante fourragère d'introduction récente et qui offre une ressource très-précieuse pour le bétail, le trèfle incarnat; dans d'autres cantons ce fourrage, si important parce qu'il est le plus précoce et qu'il n'effrite pas du tout la terre, est resté presque ignoré.

Les mêmes différences se remarquent dans la production des racines, objet principal des cultures sarclées.

Ainsi le pays de Waes excelle dans la culture des carottes; d'autres localités dans celles de la betterave. Dans une partie des Flandres, les navets sont l'objet des plus grands soins; semés sur les champs déchaumés, ils sont binés et sarclés deux fois; ils reçoivent en outre du purin, et paient largement tous ces frais de culture.

Dans d'autres parties on se borne à leur donner un fort hersage ou à les éclaircir successivement à la main. Cette opération ainsi réduite ne donne pas la moitié du produit qu'on obtient ailleurs.

Si je me permets d'appuyer surtout sur ce dernier exemple, c'est parce que la culture perfectionnée de cette racine est du plus grand intérêt sous plus d'un rapport. Elle est une ressource précieuse pour le bétail et par conséquent pour la formation des engrais, et une source de main-d'œuvre pour la classe ouvrière qui a tant besoin de travail.

Sous ce point de vue il serait très-utile de remplacer le navet là où le terrain ne lui est pas favorable, par d'autres espèces de turneps et particulièrement par le rutabaga, espèce de chou-rave, (1) dont la production est tout

(1) La culture perfectionnée du navet ne devrait pas rester plus longtemps étrangère aux contrées de la Belgique où existe la grande culture,

aussi favorable au bétail, et procure encore plus de journées à l'ouvrier, parce qu'il ne se sème pas à demeure.

Il résulte de tout ceci que le système de culture alterne est loin d'être également parfait dans les Flandres, et que, par les améliorations partielles dont il est susceptible, un certain accroissement de travail peut être fourni à la population.

Il y a même une partie notable des Flandres où le travail agricole pourrait être presque doublé : c'est la lisière qui borde la frontière hollandaise, où existe ce qu'on appelle en agriculture le système alterne à pâturages.

Dans ce système le sol est tour à tour en culture et en pâturage. Les terres sont divisées en plusieurs soles, et chaque sole est cultivée pendant quelques années en grains, racines et fourrages, et ensuite laissée pendant 3 ou 4 années en repos. Le terrain s'engazonne et sert alors de pâture aux divers bestiaux.

Quand on demande aux fermiers de cette contrée l'explication et les motifs d'un système de culture si opposé aux erremens de leurs voisins, ils se contentent de répondre que la nature de leur sol exige du repos et que les céréales ne donneraient pas de produits si chaque année la terre était labourée.

Mais voici la véritable cause de cette anomalie agricole.

Quel est le but principal de la culture alterne? C'est

---

et où par conséquent les bras sont moins nombreux qu'en Flandre. Dans une grande exploitation la main-d'œuvre et le temps qu'exige cette spécialité pourraient être économisés par l'usage des machines. Voici la méthode anglaise.

On sème les navets au semoir, en rayons.

On bine et sarcle avec la houe à cheval.

Le travail de l'homme n'est employé qu'à les éclaircir là où ils sont encore trop épais, après le binage. Lorsqu'ils ont atteint leur croissance, ils sont arrachés avec la charrue. Le travail d'un enfant suffit à les ramasser et à les mettre sur un chariot. S'ils sont destinés à passer l'hiver sur les champs, on les butte à la charrue pour les préserver de la gelée. On les arrache encore avec la charrue, lors même que la terre est durcie par le froid, et que l'arrachage à la main devient très difficile.

L'emploi de ces procédés permet de cultiver les turneps, sur une grande échelle, dans les contrées mêmes où par suite de la pénurie des ouvriers cette culture serait impossible d'après la méthode flamande.

l'élève du bétail et la formation des engrais au moyen de la production des racines et des fourrages. Cette culture est coûteuse, parce qu'elle exige beaucoup de bras. Or, dans cette partie des Flandres, le voisinage de la Hollande rendait autrefois l'élève du bétail très-peu avantageux, parce que le bétail entrait en Belgique sous l'un régime sans droits, sous un autre régime avec des droits insignifians. Les fermiers de cette contrée élevaient donc peu de bétail, d'autant plus que les engrais dont ils avaient besoin étaient tirés des polders du voisinage, où ils sont surabondans.

D'une autre part, chaque parcelle de terre, qui est longue et étroite dans ce pays-là, est entourée de taillis qui se coupent au bout de huit ou neuf ans et s'exportent, ou pour mieux dire, s'exportaient en Zélande, où le bois du nord de la Flandre était avec la tourbe l'unique combustible.

Ce produit en bois était autrefois d'un prix très-élevé et servait en grande partie à payer le fermage du cultivateur.

Quand les pousses de ces taillis ont atteint la hauteur de 2 à 3 mètres, l'ombre qui se projette sur deux billons de chaque côté d'une parcelle de terre extrêmement étroite en rend la culture très-peu productive. On laisse engazonner la terre ainsi ombragée, et le rare bétail du cultivateur y trouve une chétive pâture.

Il est étonnant qu'un système basé sur des faits qui n'existent plus, ait pu survivre à la disparition des causes qui l'avaient produit.

Ces faits n'existent plus : en effet, l'élève du bétail est protégé par des droits suffisans ; les fermiers peuvent donc se livrer avec profit à cette branche de l'industrie agricole.

Les engrais venant des polders de la Zélande, sont entravés à la sortie et même en partie prohibés, et l'introduction dans ce pays de nos bois à brûler est frappée de droits élevés et rencontre la concurrence de la houille dont l'usage se multiplie là comme partout ailleurs.

Est-il donc nécessaire de laisser en friche pendant 3 ou 4 ans une terre dont la fertilité est évidente, tandis qu'une foule de bras, maintenant désoeuvrés, trouveraient de l'occupation si une methode de culture plus rationnelle était suivie, et si la production du bois, qui se vend très-mal, était abandonnée pour la production des céréales et du

Bétail, qui sont la base de la spéculation agricole des autres cantons des Flandres ?

Il serait à désirer que des expériences fussent faites pour mettre à l'épreuve l'assertion des fermiers qui prétendent que leurs terres seraient épuisées si elles étaient soumises à une autre rotation.

On faisait autrefois le même raisonnement lorsque la jachère du système triennal était généralement adoptée. Les Flandres eurent l'honneur de l'abolir chez elles il y a deux siècles, et quoique le succès fût évident, quoique l'expérience prouvât à leurs voisins, qu'il ne fallait pas recourir à la jachère pour réparer l'épuisement de la terre; que si les céréales et quelques autres plantes épuisent le sol, il y en a d'autres qui sont fertilisantes ou par elles-mêmes ou par les engrais qu'elles produisent, néanmoins l'exemple des Flandres fut perdu pour leurs voisins pendant plus d'un siècle.

Il est temps que la théorie des cultures épuisantes et des cultures fertilisantes soit appliquée à la lisière Nord des Flandres. Une augmentation considérable de produits agricoles serait ajoutée à la richesse du pays, et une multitude de tisserands affamés, qui existent à côté de cette lisière, trouveraient l'ouvrage qui leur manque maintenant.

Ainsi, je me hâte de constater que l'agriculture flamande peut encore fournir une certaine somme de travail, départir une certaine quantité de journées à la population des campagnes. La culture alterne n'est pas également perfectionnée partout, et j'en ai donné quelques preuves.

Ce qu'on appelle la culture alterne à pâturages existe encore sur une ligne de 10 lieues, et frustre de travail plusieurs milliers d'individus. Ce sont donc deux sources auxquelles on peut recourir pour diminuer le paupérisme.

Plus loin, en disant quelques mots sur l'enseignement agricole qu'il convient d'organiser en Belgique, j'indiquerai le moyen pratique de réaliser les progrès que j'ai indiqués.

III. — *Des défrichemens dans les Flandres.*

Depuis quelques années on semble porter en Belgique un regard d'espérance vers l'établissement de colonies, afin d'y trouver de l'occupation aux hommes valides qui en manquent chez eux. C'est un moyen extrême que l'émigration, c'est une ressource très-précaire, c'est une voie semée d'écueils, féconde en calamités comme ne le prouve que trop l'histoire de la fondation de toutes les colonies; comme le prouve encore notre propre histoire par le seul essai que nous avons tenté et qui avorte dans ce moment, après avoir fait un grand nombre de victimes. Enfin, l'établissement de colonies lointaines dans le but de procurer un écoulement à une population trop nombreuse, a encore le défaut d'être insuffisant dans le moment actuel, de ne pouvoir produire quelque effet que dans un avenir trop éloigné, car leurs progrès étant graduels et extrêmement lents, les vides qu'ils opèrent sont immédiatement comblés et au-delà dans la mère-patrie. C'est là une vérité qui est devenue triviale dans tous les pays à colonies.

Aussi en Belgique songe-t-on plus à coloniser l'intérieur qu'à se porter au-delà des mers. On considère comme un but national de fertiliser les bruyères On en compute l'étendue, la masse des produits qui pourraient enrichir la Belgique, le nombre des bras qui trouveraient de l'occupation.

Trois cent mille hectares de bruyères dans le Condroz, les Ardennes et la Campine, mais c'est plus que la superficie de la province d'Anvers qui n'en contient que 283,000, que la superficie de la Flandre orientale qui n'en contient que 299,000!

La mise en culture de ces terres peut donc fournir de l'ouvrage à une multitude de bras; c'est toute une province à peupler; c'est une colonie intérieure qui peut nourrir tous les tisserands et les fileuses des Flandres!

S'il ne s'agissait que de passer la charrue ou d'enfoncer la bêche dans cette grande étendue de bruyères pour obtenir des récoltes, les Flamands s'empresseraient d'y envoyer leurs ouvriers. Si on pouvait transporter des familles comme on transporte des ballots de marchandises; si ces hommes pauvres, puisqu'ils n'ont pas d'ouvrage chez eux, pouvaient vivre sur ces bruyères sans abris, cultiver sans outils, avoir des engrais sans bétail, vivre immédiatement des récoltes là où n'existe que la stérilité, les Flamands béniraient la Providence de leur avoir ménagé une ressource si précieuse.

Malheureusement pour eux, la fertilisation des bruyères est un travail très-lent qui ne s'opère que peu à peu par les populations qui les entourent. Ce travail, il est vrai, on peut l'accélérer par l'établissement de voies de communication, par des encouragemens de différentes espèces, comme une modération d'impôts, la distribution de subsides pour certains essais, la diffusion des bonnes méthodes de culture ; mais quels que soient les efforts d'un gouvernement pour atteindre un but aussi désirable, un grand nombre d'années doivent s'écouler avant que des résultats notables puissent être atteints.

Le défrichement des bruyères exige en outre des capitaux considérables, des avances dans lesquelles on ne rentre souvent qu'après un quart de siècle.

On sait en Belgique et en Hollande ce qu'ont coûté ces colonies intérieures, soit libres, soit de répression, et quels en ont été les succès.

C'est donc une erreur, qui est même partagée par des hommes éclairés et qui à force d'être colportée sans examen est devenue presque générale, de croire que les bruyères de la Campine peuvent fournir de l'ouvrage à l'excédant des populations flamandes, et qu'il ne faut que de la bonne volonté pour transformer ces bruyères en un autre pays de Waes.

Il est heureux toutefois, pour le but que nous nous sommes proposé, que dans les défrichemens tout ne soit pas illusion. Il y a des défrichemens qui sont à la portée de notre population, qui peuvent lui fournir une ressource immédiate, sans que le bienfait en soit acheté ou par des avances pécuniaires que la classe ouvrière ne peut réaliser ou par l'émigration dans une autre province, émigration qu'elle a tant de répugnance à subir. Ce sont les défrichemens qui peuvent se faire dans les Flandres mêmes et dont l'importance n'est pas assez appréciée.

Tous les terrains susceptibles d'être cultivés ne le sont pas dans les Flandres.

Je m'attacherai donc à indiquer la nature et l'étendue de ces terrains, la cause pour laquelle la plupart n'ont pas encore été élevés au rang des terres arables, les moyens à employer pour y parvenir en peu de temps, enfin les ressources qu'y puisera la classe ouvrière.

Il n'existe dans les Flandres qu'un peu plus de 5000 hectares bruyères, fanges et terrains vagues. La part de la Flandre occidentale s'élève à 4576 hectares.

En recueillant ces chiffres dans les documens statistiques, la première induction que l'on en tire doit être celle-ci : que l'agriculture a peu de chose à conquérir lorsqu'il n'existe, dans deux provinces, que 5000 hectares de bruyères ; que la population agricole, continuant de s'augmenter, est inévitablement vouée à une misère croissante, au lieu de trouver dans un défrichement ainsi réduit un soulagement à la misère actuelle.

Ce serait donc peu important et peu efficace.

Mais à côté de cette quantité minime de bruyères existe une autre catégorie de terrains, autrefois pour la plupart bruyères, et que le travail de nos pères a convertis en sapinières et en bois taillis, dont quelques-uns même portent de belles futaies. Le nombre d'hectares de cette classe de propriétés s'élève à 63,682, que les Flandres se partagent en quantité à peu près égale.

Le défrichement s'exerçant sur une masse aussi considérable, devient une ressource importante dans la crise actuelle. Dès lors, nous devons l'appeler de tous nos vœux, le provoquer par tous les moyens qui sont en notre pouvoir.

Nous rencontrerons d'abord sur notre route des personnes prêtes à nous représenter les dangers que les déboisemens ont pu faire naître ailleurs, quant à la condition hygiénique de l'homme, quant à la constitution même du sol. Raisonnant par analogie, ces personnes redouteront les mêmes dangers pour les Flandres.

Il est essentiel de les détromper ou de prévenir leurs objections.

Ces provinces, comme tout le monde sait, ne contiennent pas beaucoup de plaines cultivées d'une certaine étendue. Presque tous les champs sont ceints d'une haie d'aulne ou de chêne ou bien d'une plantation de futaie. Aussi nos campagnes, vues à vol d'oiseau, offrent l'aspect d'une forêt immense. Cette remarque a déjà été faite par Châteaubriand qui, sous ce rapport, a retrouvé dans les Flandres la physionomie de sa chère Bretagne.

Les plantations sont en outre favorisées par le mode d'entretien des chemins vicinaux, lequel donne aux riverains le droit de planter, en compensation des réparations qui sont à leur charge.

La propriété étant très-divisée, chacun utilise son lot autant que possible, et cherche, dans la plantation des arbres, l'accroissement de son revenu. On comprend qu'un nombre immense d'arbres doit parsemer le sol des Flandres, lorsque tout chemin, ayant la largeur voulue, est planté, lorsque nul coin de terrain ne reste dans l'oubli, lorsque les champs cultivés eux-mêmes, comme cela se voit surtout dans le pays de Waes, paient au propriétaire une deuxième rente au moyen des plantations qui les épuisent.

Dès lors la disparition des quelques bois qui nous restent n'aurait sur la condition hygiénique aucun des effets fâcheux contre lesquels on a cru devoir se prémunir dans d'autres contrées, effets que le préjugé avait singulièrement exagérés.

Pour ce qui concerne le sol, même absence d'inconvéniens. Dans un pays accidenté, les défrichemens, opérés sur la pente des montagnes, sont presque toujours nuisibles. Les terres sont entraînées, des sources se tarissent ou des torrens se forment. Mais dans un pays plan, les montagnes et les sources n'existent pas, et il n'y a pas de pente pour les torrens.

Toutefois, pour le résultat que nous voulons atteindre, il ne suffit pas qu'il y ait absence d'inconvéniens, il faut qu'il y ait utilité évidente.

Pour la prouver, il suffit d'une seule observation.

Lorqu'une population nombreuse se presse dans les campagnes, où l'une de ses principales ressources lui manque tout d'un coup, il est heureux de trouver pour elle dans une autre branche d'industrie un accroissement de travail.

A cette population reste l'agriculture. Il n'y a pas de terres pour tout le monde, quoique tout le monde en désire; si donc, au moyen des défrichemens, on ne parvenait à préserver du paupérisme qu'un millier de familles, encore faudrait-il en proclamer l'utilité. Ce millier de familles serait soustrait au danger toujours croissant de l'agglomération des populations pauvres des campagnes dans les villes.

Mais ces bois sont-ils susceptibles d'être défrichés?

Cette question est résolue pour tous ceux qui mettent leur espoir dans le défrichement des bruyères; elle l'est surtout par l'expérience des défrichemens partiels qui s'opèrent chez nous.

Cette opération est d'une réussite beaucoup plus certaine pour les bois que pour les bruyères, parce qu'ayant

été pour la plupart bruyères autrefois, ils présentent maintenant à l'agriculture une couche de terre végétale, tout formée par l'influence atmosphérique et surtout par le détritus des racines, des feuilles et des plantes qui se sont amoncelées successivement. Partout où l'agriculture s'est emparée de ces terrains, elle s'en est bien trouvée et la classe ouvrière aussi; il est même hors de doute que, sans intervention spéciale, sans mesures à prendre dans ce but, et seulement par le besoin du travail qu'éprouve la population et par le désir des propriétaires de s'enrichir, tous les boqueteaux des Flandres finiraient à la longue par disparaître.

Mais dans ce cas nous rencontrerions la même inefficacité qui a déjà été signalée et dans l'établissement des colonies lointaines et dans la colonisation intérieure. Le remède viendrait trop tard. La richesse territoriale s'accroîtrait, il est vrai, pour l'avenir, mais sans bénéfice pour le présent et sans qu'il y eût soulagement pour les souffrances actuelles.

Notre but est donc d'activer ces défrichemens, et d'y trouver une ressource précieuse contre la crise qui dévore nos campagnes.

Il est essentiel d'expliquer maintenant comment une opération facile, jugée par l'expérience, utile au propriétaire et à la classe ouvrière, n'ait pas marché jusqu'ici avec plus de rapidité.

Ayant trouvé les causes de ce fait, il sera aisé de les faire cesser.

Partout où une agglomération de population existe, nous voyons que les bois disparaissent; autour des villages tout est cultivé ou sur le point de l'être. C'est dans les communes d'une grande étendue que les bois existent encore par masses.

Ces grandes communes ont un centre très-peuplé, quelques sections éloignées où la population progresse peu, et aux extrémités, des habitations éparses, occupées en général par des maraudeurs.

Ainsi la commune de Maldegem a une étendue de 6176 hectares, dont plus de 300 hectares en bois, broussailles et bruyères;

Ursel 2072 hectares, dont 983 en bois;

Nazareth 3460 hectares, dont 765 en bois;

Aeltre 4633 hectares, dont 1867 en bois;

Moerbeke 3790 hectares, dont 972 en bois:

Wyngene 4613 hectares, dont plus de 2000 en bois et bruyères;

Ruddervoorde 3133 hectares, dont plus de 1400 en bois et bruyères.

Où ces bois et terrains improductifs sont-ils situés?

On n'a qu'à inspecter les lieux pour se convaincre que, dans ces communes étendues, ce sont les parties éloignées du centre, que c'est la circonférence qui sont restées improductives; que les efforts de la population ne se sont pas portés au-delà d'un certain rayon; qu'elle même s'est peu ou point éloignée du point central.

Dans l'intérêt des défrichemens, créons à ces populations des centres nouveaux, et l'agriculture fera de nombreuses conquêtes.

Pourquoi les habitans se sont-ils peu ou point répandus au-dehors en se disséminant plus également sur la surface de la commune?

Deux causes doivent être indiquées. La première, à laquelle on s'est surtout attaché jusqu'ici, réside dans la difficulté des voies de communication; la seconde qui a été moins appréciée et qui est à mes yeux la principale, dans l'éloignement de l'église, lequel empêche le fermier de placer sa famille là où elle ne peut remplir qu'imparfaitement ses devoirs religieux.

L'expérience en a été faite par plusieurs propriétaires qui ont bâti des fermes et opéré des défrichemens à de grandes distances des églises.

La qualité du sol pouvait être bonne, les conditions d'exploitation favorables, l'habitation bien construite; néanmoins, dès que ces fermes étaient situées à une distance de 4 ou de 5 kilomètres d'une église, elles restaient sans occupans ou ne trouvaient que des fermiers sans capitaux.

Cela s'explique très-bien dans les Flandres, où les principes religieux ont conservé tant d'empire.

A la distance que j'ai indiquée, la colonisation est impossible, parce que la moitié de la famille du colon ne peut participer aux exercices religieux, qui se font en partie de grand matin à la campagne. La mère de famille ne peut franchir avec ses enfans une si grande distance dans l'obscurité et l'intempérie des matinées d'hiver et par des chemins souvent impraticables.

Ce n'est pas seulement l'instruction religieuse qui est indispensable : pour élever une famille, il lui faut en outre l'instruction primaire. Dans tous les cas où le catéchisme et l'école resteront inabordables aux enfans, on ne doit pas s'attendre à voir le sol cultivé par une population intelligente et morale. Les bois seront conservés sur les confins des grandes communes, et n'auront pour habitans que des maraudeurs.

Pour prouver que le bienfait de nouvelles voies de communications n'est pas à lui seul assez efficace, je n'ai qu'à invoquer l'expérience. Dans plusieurs localités désertes où des routes ont été construites, l'exploitation du sol a été peu modifiée, parce que les facilités de correspondre avec les autres localités n'ont pu déterminer un déplacement de population.

A ces localités, si l'on veut réussir, il faut procurer des avantages matériels qui sont les routes, mais surtout des avantages moraux, qui se résument dans une église et une école.

Après cette exposition, il me reste à examiner les moyens d'exécution.

La grande affaire sociale, c'est le paupérisme. Elle n'est plus seulement traitée dans les livres des économistes, mais aussi dans l'enceinte législative ; elle a fait son apparition à la tribune, où plus d'un homme de cœur s'en occupe. Et comme c'est une question très-ardue et un mal auquel il est difficile d'appliquer des remèdes, les diverses oppositions qui existent dans les pays à parlement s'en emparent pour embarrasser ceux qui gouvernent. Les gouvernemens de ces pays s'empressent de leur côté de faire des promesses qui peuvent être sincères, mais qui sont rarement suivies d'effets.

Le paupérisme fait des ravages terribles dans les Flandres. C'est donc là que nous devons attendre le gouvernement à l'œuvre.

La mise en culture d'une portion importante de ce territoire est possible et sera efficace comme remède contre le paupérisme. C'est ce remède que le gouvernement doit se hâter d'appliquer.

Que doit-il faire pour réussir ? Deux choses : des routes,

afin de faciliter les communications; des chapelles et des écoles, afin de créer de nouveaux centres de population qui puissent défricher le sol.

Un point important et qui doit être le point de départ, est le choix des localités où les essais doivent être tentés. A cet égard le gouvernement ne court pas grand risque de se tromper, puisqu'il a entre les mains tous les renseignemens statistiques et administratifs désirables. D'ailleurs, la notoriété publique est là, et il n'y a pas d'habitant de ces provinces qui ne puisse indiquer immédiatement cinq ou six de ces localités.

Reste la question financière, qui est sans contredit la plus difficile, mais qui peut être, à mon avis, aussi aisément tranchée que les autres, si on y met de la bonne volonté.

Depuis dix ans, le département des travaux publics, largement doté pour la création de routes nouvelles, a établi comme principe que les affluens du chemin de fer devaient avoir la priorité dans la répartition des fonds. Pendant dix ans ce principe a reçu constamment son exécution. Et le gouvernement a bien fait, dans un intérêt financier, dans un intérêt de civilisation et de commerce, de mettre le plus possible les populations en rapport avec le chemin de fer. Maintenant que cet intérêt est satisfait, il est temps que le gouvernement pose un autre principe, dans un autre intérêt, qui mérite au moins autant sa sollicitude: c'est celui de procurer des moyens de subsistance à une population active qui ne demande qu'à travailler.

Dans la répartition du fonds des routes, une idée nouvelle doit dorénavant les préoccuper et servir de base à ses opérations. Ce sera d'ailleurs une occasion favorable pour réparer l'injuste partialité dont les Flamands ont été victimes en cette matière. Que le gouvernement dise donc:

« Il y a dans les deux Flandres trente localités où la création d'une route pourrait augmenter la valeur du sol, transformer les bois en terres arables, donner de l'ouvrage à un grand nombre de tisserands qui deviendraient cultivateurs. Chacune de ces routes doit coûter en moyenne 80,000 fr. Je vais désigner ces localités, appliquer à ce travail, pendant trois années consécutives, une somme de 400,000 fr. Le surplus, c'est à dire la moitié, sera fourni par le concours des provinces, des communes, des concessions et surtout des propriétaires qui y ont le plus d'intérêt. »

En prenant cette résolution, le gouvernement s'engagerait-il dans une dépense bien extraordinaire ? Ferait-il des sacrifices hors de proportion avec le résultat qu'il s'agit d'atteindre ?

Tout le monde doit répondre négativement, et ce d'autant plus qu'une telle dépense ne peut exciter la moindre perturbation dans la situation financière, puisque des fonds nouveaux ne doivent pas être demandés ; qu'il s'agit seulement d'une application nouvelle, de la substitution d'un autre principe à un principe existant, qui a atteint son terme quant à l'intervention de l'Etat dans la construction des routes.

De cette manière une partie du problême peut être résolue sans difficulté et en peu de temps.

L'autre partie du problême, la plus importante à mes yeux, consiste dans la création de chapelles qui seraient des annexes ou des succursales selon les circonstances.

Celle-ci demande aussi une solution.

M. le ministre de la justice a déclaré aux Chambres, pendant la dernière session, que l'on compte encore en Belgique environ 140 localités où un édifice destiné au culte devrait être construit.

Dans notre gouvernement, la constatation d'un besoin est presque toujours suivie d'une demande de fonds pour y faire face. C'est à quoi l'on peut s'attendre dans cette affaire-ci comme dans toutes les autres.

Serait-ce quelque chose d'exorbitant que de demander que la priorité des efforts du gouvernement fût acquise aux localités des Flandres, où la construction d'édifices religieux ne tendrait pas seulement à satisfaire aux intérêts du culte et de la civilisation, mais encore aux intérêts matériels des habitans, au besoin de la subsistance des populations, à la grande question du paupérisme ?

Envisagée sous ce point de vue et dans sa réalité, l'intervention financière de l'Etat perd beaucoup de l'importance qu'on serait tenté de nous opposer. Elle serait encore atténuée par le concours d'un grand nombre de propriétaires qui, dans leur intérêt bien entendu, s'empresseraient de faire des sacrifices, et surtout par l'accroissement des revenus du trésor qui sont toujours en raison du bien-être des populations.

Ainsi pour les chapelles comme pour les routes, la question d'argent, derrière laquelle se retranche volontiers l'irrésolution ou le mauvais vouloir, n'est qu'une question de préférence et de priorité. Il dépend du gouvernement de la résoudre dans le sens que nous venons d'indiquer.

J'arrive maintenant au point capital, à la conclusion de tout ce qui précède, et je tâcherai de démontrer l'influence que les défrichemens peuvent avoir sur l'état du paupérisme.

J'ai dit, au commencement de ce chapitre, que dans les Flandres on ne compte qu'un peu plus de 5000 hectares de bruyères et terrains vagues, et 63,682 de bois, en tout 69,000 hectares à mettre en culture. Ce n'est pas tout : l'éloignement des centres de population n'est pas seulement un obstacle à la mise en culture d'un certain nombre de ces terrains ; cet éloignement agit encore d'une manière déplorable sur l'état de culture d'un grand nombre de terrains qui sont déjà exploités.

Je suppose donc que les mesures proposées, en agissant et sur les terrains imparfaitement cultivés et sur ceux qui ne le sont pas du tout, n'aient pour effet que de mettre en bonne exploitation 30,000 hectares, ce qui ne fait pas le tiers de la masse, (1) et je me demande quelles ressources y puiserait la population ?

Nous savons que, dans l'état de petite culture, qui est en général l'état de l'agriculture flamande, deux hectares de terre suffisent à faire vivre une famille.

Il y aurait donc de l'occupation pour 15,000 familles.

Mais comme la culture moyenne s'emparerait d'une partie de ces terrains qui seraient de cette manière sous-

---

(1) Il est facile de prouver que ce calcul est loin d'être exagéré. On ne doit pas perdre de vue, en examinant ces chiffres, qu'il ne s'agit pas ici de mettre en culture des bruyères dont la fertilisation offre beaucoup plus de chances mauvaises que le défrichement des bois dont il est question ici ; ce calcul est d'autant moins exagéré que, pour cette dernière catégorie, on n'a compté que sur un tiers à mettre en culture, tandis qu'il est admis par les écrivains qui se sont occupés de la question des défrichemens, que même pour les *terrains en friche* la moitié était susceptible de culture en beaucoup de pays.

Cette proportion a particulièrement été admise en Angleterre. Il y a quelques années, une commission du Parlement anglais, et dont

traits à de nouveaux occupans, je réduis encore le chiffre de ces familles à 10,000.

Une opération qui parviendrait à créer 10,000 nouvelles familles d'agriculteurs dans ce temps de crise et de misère, serait certainement le plus beau titre de gloire pour le gouvernement qui réussirait à l'accomplir. Il pourrait se glorifier d'avoir rayé 60,000 Flamands du grand-livre de la bienfaisance publique. Aussi j'espère qu'il se trouvera en Belgique un homme d'Etat qui partagera un jour mes convictions, et qui aura la constance et la volonté de venir en aide à ses compatriotes. Il ne lui faudra pas de grands efforts pour faire adopter ses plans par les divers pouvoirs de l'Etat ; l'Etat lui-même ne sera pas entraîné à de trop grands sacrifices. La marche ascendante du paupérisme sera ralentie : halte heureuse, véritable bienfait social, qui peut être trouvé en grande partie dans l'extension et dans le perfectionnement de l'agriculture flamande.

IV. — *Un mot sur l'enseignement de l'agriculture en Belgique.*

Je crois avoir prouvé que l'agriculture flamande, quelque perfectionnée qu'elle fût, était susceptible de progrès ; que la culture alterne n'était pas partout également prospère, témoin le maintien du système de culture alterne à pâturages.

Dans l'espoir de voir naître de la culture des terres de

---

fesait partie le célèbre Malthus, fut instituée pour donner son avis sur le meilleur système d'émigration qu'il conviendrait d'adopter en vue de diminuer le paupérisme. Dans son travail cette commission constata que la Grande-Bretagne possédait en friche 15 millions d'acres susceptibles d'être cultivés et 16,871,463 qui ne pouvaient l'être.

Les premiers étaient ainsi répartis :

Angleterre	3,454,000 acres.
Galles.	530,000
Ecosse	5,950,000
Irlande	4,906,000
Iles	160,000
Total . . .	15,000,000 acres.

nouveaux élémens de travail pour la classe pauvre, j'ai indiqué en premier lieu le perfectionnement de l'agriculture flamande.

J'aurais dû aussitôt indiquer le moyen pratique d'y parvenir. Tout le monde devine que ce moyen ne peut être que la diffusion des lumières et des connaissances agricoles, produites par l'enseignement.

Mais lié par le titre et le but de cet opuscule, il n'est pas possible que je me borne à cette simple énonciation : *Il faut même dans les Flandres l'enseignement agricole.*

Pour rester pratique, force nous est donc de dire en quoi doit consister cet enseignement; chapitre assez étendu, question toute d'actualité, qui mérite quelque développement et qui aurait, à cause de ce développement même, interrompu l'enchaînement des propositions que j'ai mises en avant.

C'est pourquoi j'y consacre un chapitre séparé. L'enseignement agricole est nécessaire aux Flandres. Quel doit être cet enseignement?

Voilà la proposition qu'il s'agit de développer et de résoudre. La science agricole, plus qu'aucune autre science, est le résultat de l'observation des faits. Elle ne peut être une science positive; son enseignement ne peut être uniforme, comme l'est l'enseignement de la théologie ou des mathématiques, parce qu'elle est le résumé et la conclusion de faits qui varient selon les climats, la nature et l'exposition du sol, les habitudes, la densité ou la pénurie de la population.

Elle a admis, à la vérité, comme constans quelques principes généraux, mais qui, dans l'application, se modifient à l'infini; dès-lors l'enseignement de cette science doit être avant tout pratique. C'est dans cet ordre d'idées que dans la plupart des pays on s'est moins attaché à créer des chaires d'agriculture, comme cela se fait pour le droit ou pour la médecine, qu'à établir des fermes-modèles ou d'expérimentation.

Les bons résultats de cette méthode sont incontestables. Des progrès rapides ont été réalisés dans les localités où des établissemens de cette espèce ont été bien conduits, tandis que l'enseignement théorique y aurait été ou dédaigné ou sans effet sur la routine.

Il ne faut pas en conclure cependant qu'il est indispensable d'établir des fermes-modèles dans toutes les provinces, sans avoir égard aux divers systèmes de culture qui se partagent le pays, et qui varient avec le sol, les habitudes, l'état des populations, le genre de travaux complémentaires que ces populations agricoles exercent, la division plus ou moins grande de la propriété.

C'est une erreur de croire que la petite culture, la culture moyenne ou la grande culture aient été introduites dans les différentes provinces par un effet du hasard ; elles l'ont été diversement par l'effet des circonstances que j'ai énumérées ; il y a eu une ou plusieurs causes préexistantes à leur introduction, que l'on peut modifier à la longue, et même faire disparaître ; mais qui feront prédominer l'un ou l'autre système de culture tant qu'elles existeront.

Ainsi pourquoi la petite culture, patronnée par la culture moyenne, est-elle généralement exercée dans les Flandres, et pourquoi la grande culture y fait-elle l'exception ?

Cela résulte de la densité de la population, de la division de la propriété et surtout du supplément de travail que les petits métayers peuvent se procurer par le tissage des toiles, et dans le pays de Waes par la préparation du lin. De cette manière les cultures sarclées y sont conduites, à cause du grand nombre de bras, avec la dernière perfection. Je le demande, à quoi servirait-il d'établir dans un pays ainsi cultivé des fermes modèles comme enseignement agricole ?

Ce genre d'établissemens s'adresse généralement à la grande culture ; il a pour base un système d'assolement qui est très-peu applicable à nos exploitations, et on peut le dire, moins perfectionné que celui qui y est en usage. Des fermes-modèles emploient pour outils des machines d'une construction et d'une puissance qui ne sont nullement proportionnées à l'étendue de nos cultures. Que serait, par exemple, pour le grand nombre de nos fermiers, l'introduction de la machine à battre le grain, ou l'usage des machines à semer ?

On peut donc conseiller la création de fermes-modèles dans les provinces où existe la grande culture ; c'est là en effet qu'il y a le plus de progrès à faire, soit en propageant, soit en améliorant le système de culture alterne.

Dans les pays à grandes exploitations, l'enseignement agricole a beaucoup de puissance, parce que les grandes exploitations existant naturellement là où la population n'est pas très-nombreuse, rencontrent, à cause de cela même, beaucoup d'obstacles pour arriver à la perfection. A elles donc l'enseignement, donné par les fermes-modèles, peut indiquer l'emploi de machines expéditives qui suppléent à la disette de bras ; chez elles peuvent s'établir avec fruit la comptabilité agricole, la manutention des produits du sol à la ferme même.

Mais dans les Flandres, la création de fermes-modèles, telles qu'elles sont conçues et établies ailleurs, serait une superfluité et une source de dépenses, sans qu'il en résultât aucun progrès pour l'agriculture.

C'est là un point que ne peuvent pas perdre de vue ceux qui vont avoir pour mission d'organiser l'enseignement agricole en Belgique. Comme les établissemens dont je viens de parler formeront sans aucun doute la base du système, il est de la plus haute importance de les créer là où ils peuvent rendre des services.

Ce seul point cependant ne doit pas absorber toute l'attention. A cette question des fermes-modèles viennent s'en rattacher plusieurs autres qui ne peuvent être laissées à l'écart, parce que de leur solution dépendra le succès de l'enseignement agricole.

Il y a en Belgique certaines contrées où la grande culture proprement dite n'existe pas, et où le système flamand, dans toute sa perfection et avec ses nombreux avantages, n'existe pas non plus. — Telle est, par exemple, la situation agricole de la Campine, du pays d'Entre Sambre et Meuse et du Condroz, situation très-arriérée, qui réclame tous les soins de ceux qui ont à cœur le progrès de l'agriculture.

Partant de ce fait, on se demande s'il faut établir dans ces contrées des fermes-modèles, c'est à dire, donner pour ces contrées la préférence à la grande culture ; car les fermes-modèles ne peuvent avoir des résultats qu'en vue de la grande culture.

Répondre affirmativement, ce serait résoudre une question complexe, très-controversée, et qui peut avoir la plus grande influence sur la production et le bien-être de la population. C'est celle de savoir si, dans les contrées que je viens de citer, il ne serait pas préférable de guider l'agriculture dans les voies du système flamand, qui est la petite et la moyenne culture, si ce système serait applicable à ces contrées; s'il offre plus d'avantages que celui de la grande culture existant dans d'autres provinces du pays.

Afin de résoudre ces différens points dans l'un ou l'autre sens, il est nécessaire d'entrer dans quelques explications.

Les avantages et les inconvéniens de la petite et de la grande culture sont parmi les agronomes un sujet intarissable de controverse. Et il n'en peut être autrement, parce qu'on ne peut arriver à une solution, à cause des distinctions sans nombre qu'il faut faire, des exceptions à perte de vue qu'il faut établir, et qui résultent des circonstances qui rendent l'un ou l'autre système de culture préférable dans l'un ou l'autre pays.

Les agronomes ne peuvent pas même se mettre d'accord sur ce qu'il faut entendre par petite ou par grande culture, parce que sur ce point aussi une règle générale est impossible. En effet, une ferme de 50 hectares appartient dans tel pays à la grande culture, dans tel autre à la culture moyenne. Pour la Flandre, la première classification devrait être adoptée; pour l'Angleterre la seconde.

Une ferme de 5 hectares serait la grande culture en Irlande; en Flandre et ailleurs elle serait la petite.

Dans ces discussions les écrivains étrangers ont souvent étayé leurs opinions de l'exemple de l'agriculture flamande; mais il faut le dire, beaucoup d'erreurs ont été mêlées aux éloges qu'ils n'ont pas manqué d'en faire. C'est ainsi qu'ils prétendent que la bêche est l'outil principal de l'agriculture flamande et que l'usage de la charrue fait l'exception.(1) Avec des faits mal observés, ils ont mal soutenu leurs systèmes. Ces éloges ou ces erreurs nous importeraient peu cependant, si l'opinion de quelques célébrités étrangères n'avait pas un si grand poids en Belgique, et si les erreurs

(1) L'auteur de Waverley qui possédait des connaissances très-remarquables en agriculture, a partagé l'erreur commune. Dans un article qu'il publia dans le *Quartely reveuw* (1830) pour déplorer les malheurs qu'a fait naître l'organisation agricole anglaise, il s'exprime ainsi au sujet de l'agriculture flamande : « Il faut établir le système des » petites cultures, et cultiver la terre suivant la méthode flamande, » nommée agriculture-jardinage et qui emploie la bêche au lieu de la » charrue. Trois acres de terre arable cultivés d'après le système fla» mand en récoltes vertes, nourriraient trois fois plus de bétail qu'une » prairie de la même dimension dirigée suivant la méthode ordinaire. »

qu'ils ont pu commettre n'étaient pas partagées aussi par nos compatriotes. Désirant faire prévaloir la méthode agricole des Flandres dans les contrées que j'ai citées, parce que j'y vois les plus grands avantages, il importe donc de redresser ces erreurs et d'exposer sur quoi cette méthode est basée.

Dans les Flandres la grande culture fait l'exception ; c'est la moyenne et la petite culture qui prédominent.

Quelle est la moyenne et la petite culture ? Lorsqu'on parle de la dernière, on s'imagine que c'est la culture à la bêche ; que chaque famille tient en location un lambeau de terre, sur laquelle elle vit péniblement, la disputant à sa voisine comme sa place au soleil, s'y maintenant à force de sacrifices, fruits de la concurrence ; on s'imagine, en un mot, que le petit cultivateur flamand se trouve dans la même position que l'Irlandais affamé. Heureusement il n'en est pas ainsi.

On entend en Flandre par petite culture celle qui est exercée par des métairies d'un à cinq hectares garnies de 2 à 4 têtes de bétail qui, bien nourries, favorisent par leurs engrais la production la plus étonnante. Si ces métairies existaient seules, elles ne pourraient maintenir dans l'aisance leurs occupans. Mais elles ont à côté d'elles la culture moyenne, c'est à dire celle qui, employant 10 à 25 hectares, vient à leur secours en labourant la terre et en faisant tous les charrois de la petite métairie, dont elle emprunte à son tour les bras pour conduire ses propres cultures.

Ainsi est combinée l'agriculture flamande.

Les petites fermes sont patronnées par les fermes moyennes, dont les chevaux sont au service des premières. Les fermes moyennes trouvent dans les petites les travailleurs dont elles ont besoin en grand nombre dans leurs cultures sarclées, et ont le moyen de cultiver 10 à 25 hectares avec toute la perfection de la petite métairie.

Il y a une autre circonstance qui favorise surtout cette division agricole, c'est que le petit fermier est en même temps industriel. Il est tisserand dans la plus grande partie des Flandres ou apprêteur de lin.

Les adversaires de la petite culture ont raison lorsqu'ils soutiennent, en thèse générale, qu'elle est la plus défavorable à la production, qu'elle est comme la petite industrie rebelle au progrès, incapable de lutter avec ceux qui opèrent en grand, qu'elle ne vit que d'économies et de privations, et qu'elle se dévore elle-même en consommant tous ses produits.

Il en serait ainsi si un pays était complétement divisé en petites métairies. Mais on comprend qu'il n'en est pas ainsi dans les Flandres.

L'organisation qui y existe et dont je viens de parler donne au petit métayer le supplément de travail qui lui manque sur sa propre terre ; c'est une association de différens intérêts, c'est un concours de divers élémens de travail, au moyen desquels une petite exploitation emprunte les avantages d'une grande exploitation, sa voisine, tandis que celle-ci, à son tour, se fait payer de ses services par l'emploi des bras de la famille du métayer.

La grande exploitation disposant de bras nombreux qui, étant ses associés, valent beaucoup plus que de simples manouvriers, peut de son côté tirer de ses terres autant de produits à superficie égale, que la petite exploitation elle-même.

Voilà pour la production qui n'est égalée dans aucun pays du monde.

Voyons l'effet de cette organisation sur l'état des habitans.

Un pays livré entièrement à la petite culture n'aurait que des cultivateurs misérables, témoin l'Irlande. Un pays, complétement livré à la grande culture, aurait de riches fermiers et une multitude d'ouvriers agricoles, vrais serfs attachés à la glèbe ; c'est le cas de l'Angleterre.

Dans les Flandres, la position est plus heureuse pour les cultivateurs proprement dits, et elle le sera aussi longtemps qu'un travail complémentaire pourra être fourni au petit fermier.

Il est donc du devoir de ceux qui ont à cœur le progrès agricole, d'introduire l'organisation flamande là où elle est possible, et elle l'est dans la Campine, dans l'Entre Sambre et Meuse et le Condroz, comme il résulte des faits suivans.

Dans la Campine les exploitations ont en général peu d'étendue ; elles sont établies d'après les proportions des fermes flamandes.

Le lin y croit très-bien ; c'est un travail complémentaire acquis à la petite culture, qui trouvera en outre à s'occuper pour un siècle aux défrichemens et aux plantations qui vont s'opérer autour d'elle.

Dans le pays d'Entre Sambre et Meuse et le Condroz la petite culture peut également utiliser ses métayers par l'aménagement et l'exploitation des bois lesquels ont lieu surtout en hiver, par les défrichemens, par les diverses industries qui existent déjà dans ces contrées ou qui s'y établiront.

Le système flamand y trouve donc des conditions d'existence, et comme c'est le système le plus favorable à la production et au bien-être des cultivateurs pris en masse, on doit tâcher de l'y acclimater.

Reste à voir quelles mesures il convient de prendre pour réussir.

C'est aux fermes-modèles qu'il faut avoir récours, mais aux fermes-modèles d'un autre genre que celles qui peuvent être établies dans les contrées à grande culture.

Afin de faire naître ces établissemens, il ne s'agirait que de s'entendre avec quelques propriétaires qui ont la volonté de voir leurs terres bien cultivées, et on n'aurait pas grande peine à en trouver; on les engagerait à prendre pour fermiers de bons cultivateurs du pays de Waes.

Ceux-ci ne se déplaceraient que par l'appât d'un bénéfice ou d'une indemnité, qui pourrait être fixée à 1000 fr. annuellement pour une ferme moyenne et une petite; vingt de ces établissemens suffiraient aux besoins de l'enseignement agricole dans les contrées dont nous parlons, et ainsi moyennant une somme de 20,000 fr. à allouer pendant un nombre d'années à convenir, les bonnes méthodes de l'agriculture flamande y seraient promptement introduites.

Deux points essentiels de l'enseignement agricole sont ainsi résolus.

Pour les pays à grande culture, enseignement pratique par l'établissement de quelques fermes-modèles, telles qu'on en trouve dans d'autres pays.

Pour les contrées, où l'agriculture est peu avancée et où les conditions voulues existent, introduction du système agricole flamand et enseignement pratique par le déplacement de quelques familles de cultivateurs des Flandres.

Je reviens maintenant à mon point de départ, et je me

demande : Quel est l'enseignement agricole que le gouvernement doit donner aux Flandres ?

Nous avons vu qu'il serait inutile d'y créer les grandes fermes-modèles. On ne pourrait songer davantage à en créer de petites, car elles ne soutiendraient pas la comparaison avec les nôtres qui sont de vrais modèles.

Ces moyens pratiques ne peuvent donc convenir.

Il faut alors avoir recours à un enseignement théorique, s'adressant non aux fermiers qui n'en auraient que faire, qui ne le suivraient pas, mais à la classe des propriétaires dont l'instruction agricole pourrait et devrait être le plus puissant stimulant vers les progrès que l'agriculture flamande est encore appelée à faire.

Il reste à entrer dans la même voie qu'ont suivie les Anglais pour arriver au même résultat qu'eux, quoique les moyens d'arriver doivent être un peu différens.

Les propriétaires des Flandres, particulièrement ceux qui ne résident pas constamment dans leurs terres, n'ont en général ni le goût ni la connaissance de l'agriculture.

En Angleterre le contraire existe ; c'est aux *land-lords* et aux *gentlemen-farmers* que sont dus les progrès étonnans faits depuis un siècle par la production agricole dans ce pays. C'est au patronage efficace des premiers ; c'est aux essais et à la pratique des seconds que l'Angleterre est redevable de ses belles races de bestiaux, de l'application de la mécanique à la culture, de la perfection de ses prairies tant naturelles qu'artificielles, de son système raisonné de rotations.

Les grands propriétaires terriens ne sont pas nombreux chez nous ; leur patronage et leurs encouragemens sont par conséquent peu nombreux aussi. C'est au gouvernement qu'incombe le devoir d'y suppléer. La généralité des propriétaires des Flandres occupe le rang des *gentlemen-farmers* anglais. Pourquoi l'agriculture flamande ne pourrait-elle pas de même compter sur eux ?

Evidemment, elle le peut, et comme en Angleterre l'influence des propriétaires sera décisive. Son action bienfaisante se fera surtout apercevoir dans la prompte amélioration de la race des bestiaux, dans une entente plus parfaite de l'irrigation et de la création des prairies, branche de l'art agricole moins avancée chez nous que dans d'autres contrées de l'Europe, parce qu'elle est dévolue aux propriétaires et non aux fermiers qui n'y peuvent pas consacrer des avances. Enfin, l'action des propriétaires aura pour effet de généraliser les meilleurs procédés de culture, en choisissant plus judicieusement les fermiers qu'ils iront prendre dans un canton parfaitement cultivé pour les placer dans un autre où des progrès restent à faire. Ainsi aucune spécialité de produits ne sera plus considérée comme attachée à l'une ou à l'autre partie de notre sol : les céréales, les fourrages et les racines seront également partout bien cultivées, et la culture alterne pure supplantera la culture alterne à pâturages. Mais ces heureux résultats qui constitueront la perfection de l'art agricole en Flandre ne pourront se réaliser qu'au moyen de l'enseignement donné aux fils des propriétaires. Il faut que, dans l'intérêt de la chose publique, ils acquièrent les connaissances qui ne sont pas assez générales parmi eux.

Selon moi, c'est à ce point que doit se borner chez nous l'intervention du gouvernement ; l'instruction agricole des Flandres ne réclame pas davantage.

Je crois donc qu'il pourrait se dispenser de créer pour le moment un institut spécial, lequel serait peut-être mal apprécié ou peu suivi, et qu'il devrait se contenter comme essai, d'adjoindre à l'université de Gand un bon cours d'agriculture, donné par un homme de mérite, aux heures et aux époques convenables, et de manière à intéresser particulièrement les propriétaires.

Il est à croire que le goût et l'émulation de cette branche d'études se répandraient rapidement, et que le gouvernement trouverait là le moyen le plus simple et en même temps le plus efficace de remplir sa mission.

Après avoir énuméré les élémens de travail que peut donner l'agriculture flamande ; après avoir indiqué les mesures à prendre pour en tirer parti, mesures que je considère comme très-praticables, très-faciles et d'une importance financière médiocre, il me reste à former le vœu que ceux qui parlent toujours du paupérisme sans rien proposer pour en arrêter les ravages, et que ceux qui promettent constamment de s'en occuper, veuillent ou les désigner comme conséquence de leurs discours, ou les mettre en œuvre, en exécution de leurs promesses.

V. — *Travail industriel.*

Quoi que l'on fasse en faveur du progrès agricole, le nombre de bras oisifs est si nombreux dans les Flandres que le travail demeurera encore insuffisant. Il y a d'ailleurs une multitude d'existences ou débiles ou forcément sédentaires, qui sont habituées au rouet et qui ne peuvent tirer aucun parti d'un genre d'occupations exigeant de la force ou s'exerçant au dehors.

On sait que le filage du lin ne se fait pas seulement à la ferme du cultivateur et à la chaumière du tisserand. Un nombre considérable de filles et de femmes d'artisans, de cabaretiers, de détaillans de toute espèce utilisent à filer le lin, les momens qu'ils peuvent dérober à leurs affaires, et y trouvent une ressource contre l'insuffisance de leur profession ou de leur débit.

Pour elles donc l'extension de la culture ne peut être d'aucun secours, et quoique l'ancienne industrie linière n'ait pas encore succombé, la décadence qu'elle subit nous fait une loi de chercher à aider ceux qui l'exercent en leur procurant d'autres occupations analogues et également sédentaires.

C'est dans cette vue de prévoyance que les plus louables efforts sont tentés dans les communes, afin d'y naturaliser la fabrication de la dentelle, et dans quelques-unes, celle de la ganterie. Ce sont des industries qui conviennent parfaitement à l'aptitude et à la position de nos ouvrières. Mais elles sont insuffisantes dans le moment actuel, et si on les multiplie trop, une nouvelle crise peut nous atteindre plus tard et faire renaître nos embarras.

La ganterie ne peut compter que sur une partie de la consommation intérieure ; elle est d'ailleurs exercée en grand dans plusieurs villes.

Le succès de la dentelle peut dépendre des caprices de la mode et des perfectionnemens de la mécanique.

Il suit de là qu'il ne serait pas prudent de faire dépendre un grand nombre d'existences de ces industries dont l'écoulement des produits est limité ou dont le sort peut devenir précaire dans certaines circonstances. Multiplions, au contraire, les sources de travail, afin que le sort de la classe ouvrière obtienne plus de stabilité, et que si une stagnation doit survenir, les effets soient bornés à l'égard d'un petit nombre d'individus.

Mais c'est ici que commencent les difficultés.

Lorsqu'on veut doter un pays d'industries nouvelles ou donner l'essor à celles qui existent déjà, c'est à une augmentation du tarif qu'on a recours afin de stimuler le travail national. C'est la nécessité de se défendre contre la concurrence étrangère qui a forcé presque toutes les nations de se couvrir du système protecteur ; c'est la marche la plus simple et en même temps la plus usitée. Mais nous sommes forcés d'avouer que, pour le but que nous nous proposons, des augmentations de droits de douanes seraient ou inefficaces ou impossibles.

En jetant un coup d'œil sur notre tarif, on acquiert immédiatement la conviction que le système protecteur ne peut plus grand'chose pour nos campagnes. Toutes les industries principales du pays, à l'exception de l'industrie cotonnière, à laquelle justice partielle seulement a été rendue, ont obtenu une protection plus ou moins grande selon leurs besoins.

Les produits de l'industrie linière n'ont plus rien à réclamer depuis la loi qui, en sanctionnant la convention faite avec la France, a exclu de notre marché les fils de lin de l'Angleterre.

L'industrie drapière a reçu de nouvelles garanties par l'arrêté qui impose des droits élevés sur les fils et étoffes de laine peignée.

L'industrie cotonnière a obtenu une satisfaction partielle par l'augmentation des droits sur les cotons teints ou imprimés de certaines provenances.

Toutes ces mesures n'ont pas été sans importance pour nos campagnes ; elles ont donné naissance à quelques branches de travail qui languissaient autrefois ou n'étaient pas exploitées, telles que les piqués, les basins et autres produits fabriqués au Jacquart ; telles encore que les cotonnettes, les étoffes mélangées comme il s'en fabrique à Roubaix, et qui, en s'implantant dans quelques communes rurales, ont atténué la misère. Mais il est vrai de dire que le tarif, en stipulant de nouvelles aggravations, ne nous serait plus d'un grand secours. Il doit encore venir en aide à certains objets de luxe, comme les bronzes et les glaces ;

à cela doit se borner son action qui ne se fera sentir que dans les villes.

Force nous est donc d'examiner notre législation douanière sous un autre rapport.

Il peut résulter de cet examen qu'une marche en sens inverse de la protection nous procure des avantages qui ont été négligés jusqu'ici, et qu'en procédant par voie de dégrèvement, nous obtenions de plus grands résultats qu'en réclamant une majoration de droits.

Nous avons parlé plus haut de la fabrication des dentelles.

Il existe un autre genre de travail qui a beaucoup d'analogie avec les dentelles, qui s'exerce également autour du foyer domestique, qui convient parfaitement à l'aptitude et au genre de vie des femmes de la campagne, et qui doit être une source abondante de main-d'œuvre, parce qu'il alimente une consommation immense tant à l'intérieur qu'à l'étranger. C'est la broderie sur tulle.

En 1829, cette branche d'industrie occupait 50,000 ouvrières. Maintenant que la perte partielle du filage rend tant de bras disponibles, pour surcroît de malheur, le nombre des brodeuses est réduit au sixième de ce qu'il était à cette époque.

Cette perte de main-d'œuvre doit être attribuée à plusieurs causes. La mode a mis en honneur l'usage de la dentelle, aux dépens du tulle brodé ; et la mécanique a apporté des améliorations si notables au tissage du tulle que l'ouvrage des brodeuses a éprouvé une grande diminution. De la première nous n'avons pas à nous plaindre, parce qu'il y a compensation pour nos ouvrières ; la seconde, nous devons la subir, et il est hors de notre pouvoir de la modifier.

Mais le déclin de la broderie sur tulle a été particulièrement provoqué par les dispositions vicieuses de notre tarif, lequel, en frappant de droits élevés le tulle écru, matière première de la broderie, en faveur du tissage, n'a pas tenu compte de l'intérêt principal qui ressort de cette industrie.

Voici les différentes phases qu'a subies la tarification du tulle :

En 1814, le tulle écru entrait au droit de 3 p. c.

En 1822, le droit fut élevé à 6 p. c.

En 1828, nouvelle protection pour le tissage, le droit fut porté à 10 p. c.

En 1838, la Chambre des Représentans, modifiant les propositions du gouvernement, fit quelque chose en faveur de la classe la plus nombreuse des intéressés, et réduisit le droit à 8 p. c. sur les tulles écrus. C'était l'intérêt de la broderie qui obtenait satisfaction. Restait celui des blanchisseurs et des appréteurs de tulle ; à ceux-là le tarif accorda une protection de 12 p. c. Enfin, dans le but de donner une compensation au tissage, le fil N° 140 et au-dessus, qui est la matière première du tisserand et qui payait 108 les 100 kil. sous la législation de 1828, ne paya plus que 5 fr. ou 1/4 p. c. de la valeur.

Ainsi se trouvaient pondérées les différentes branches de l'industrie de tulle.

Mais l'arrêté du 14 juillet qui régit maintenant cette matière, a rompu l'équilibre. Les droits sont de 12 au lieu de 8 sur le tulle écru, et de 15 au lieu de 12 sur le teint et le blanchi. Ainsi le tissage a obtenu gain de cause contre la broderie.

Voyons maintenant quelle est l'importance du tissage pour la Belgique.

En 1829 il existait 34 métiers à faire tulle : 24 à Gand et 10 à Termonde.

Au 20 juillet 1843 il en existait 31. A la faveur de la protection, le tissage n'a pas pu faire des progrès. Sera-t-il plus heureux en obtenant une protection nouvelle par l'arrêté du 14 juillet. Il est permis d'en douter par la raison que voici. Une révolution complète a eu lieu en Angleterre dans la fabrication du tulle, qui se produit broché, façonné et avec des dessins imitant la dentelle. A cette fabrication il faut des métiers coûteux très-variés, afin de pouvoir produire de grands assortimens, et il faut aussi un débouché immense, afin que, par la quantité du débit, les frais d'établissement soient couverts. La Belgique ne se trouve pas sous ce rapport dans les mêmes conditions que l'Angleterre, et le tissage du tulle broché, réduit à notre consommation, ne peut prendre l'extension nécessaire pour prospérer. J'en conclus que, tout en poursuivant une chimère, notre tarification nouvelle fait le plus grand tort aux deux branches les plus importantes de l'industrie tullière, celle de la broderie, et celle du blanchiment et de l'apprêt Si nos brodeuses et nos apprêteurs ne travaillaient que pour la consommation du pays, le mal serait infiniment moindre; ils seraient aussi couverts par le tarif. Mais les 9/10 des tulles brodés et apprêtés sont destinés à l'exportation, et vont chercher des consommateurs en Amérique, en Hollande, dans ses colonies, en Allemagne, en Portugal, etc., où ils rencontrent la concurrence des pays producteurs de tulle écru, et de ceux qui reçoivent cette matière première presque sans droits. De là résulte que la lutte pénible, que soutient le commerce du tulle depuis 1828, devient impossible à la suite de la tarification mise en vigueur par l'arrêté du 14 juillet et que le nombre de nos brodeuses et de nos apprêteuses du tulle broché doit aller en diminuant. C'est en faveur de la main-d'œuvre du plus grand nombre que les tarifs doivent être conçus, et notre tarification va directement contre ce but.

Nos métiers ne peuvent pas produire la centième partie du tulle dont la Belgique a besoin pour sa consommation ou pour son commerce à l'étranger : des établissemens importans et notre population ouvrière souffrent d'une tarification qui, en rendant le prix de revient plus élevé, la prive des débouchés qu'ils possédaient autrefois. Il y a donc nécessité de revenir sur ses pas et de bien se persuader que l'axiome qui déclare que toutes les industries ont droit à la protection, n'est admissible que pour autant qu'une industrie protégée ne soit pas une cause de ruine et de décadence pour le travail national. Si en sacrifiant le tissage du tulle, nous pouvions revenir à la situation de 1829, époque à laquelle 50,000 brodeuses étaient occupées, nous ne devrions pas hésiter. Mais cette situation est changée, et la broderie ne peut plus, quoique l'on fasse, fournir autant de main-d'œuvre par suite des innovations de la mode et des progrès de la fabrication.

Toutefois, il y a là encore une source abondante de travail qui pourrait être exploitée par nos campagnes. Si une législation douanière mieux combinée nous régissait, il est à prévoir que le nombre des brodeuses sur tulle uni et façonné, lequel ne s'élève maintenant qu'à 7 ou 8 mille, pourrait être doublé. On n'aurait qu'à s'applaudir de pouvoir, dans la détresse actuelle, arracher un si grand nombre de victimes aux dangers de l'oisiveté et aux privations de l'indigence.

Des questions analogues se présentent à l'article *Mousseline*.

On ne peut que se rendre difficilement compte de la consommation que la Belgique fait de ce tissu, parce qu'il ne forme pas une classification particulière en douane. Mais on sait que la mousseline nous arrive de la France, de la Suisse, de l'Allemagne et de l'Angleterre en quantités considérables, et à des degrés différens de manipulation; elle nous arrive blanchie et apprêtée, brodée, brochée, cordonnée, c'est à dire, en laissant à l'étranger tous les bénéfices de la main d'œuvre. Ce n'est qu'à l'état écru que nous ne la recevons pas, et c'est en ce seul état que nous avons intérêt à la recevoir, parce qu'on ne la tisse pas chez nous et qu'elle pourrait nous servir de matière première. Aussi le tarif favorise une situation qui est anormale et contraire à l'extension du travail.

En effet, les mousselines, gazes, etc., importées par pièces, ne paient, blanchies, brodées et festonnées, qu'un droit au poids égal à celui des tissus de coton blancs; ce qui revient à très-peu de chose, parce qu'un très-petit poids représente une grande valeur. Importées en bandes festonnées et brodées pour robes, elles paient, comme objets de mode, 10 p. c. à la valeur.

Ces dispositions douanières ne sont pas en harmonie avec l'esprit général des tarifs, qui sont faits dans le but de procurer au pays le plus de main-d'œuvre possible. Il y a donc lieu de les reviser, en tenant compte de l'intérêt de la classe ouvrière. Au lieu d'imposer des droits, quelque minimes qu'ils soient, à l'entrée de certains tissus écrus, il faudrait les admettre en franchise, si on ne les fabrique pas chez nous, ou si on ne les fabrique pas en quantité et en assortiment suffisans pour servir comme matière première à des manipulations plus étendues. D'un autre côté, au lieu d'admettre à des droits insignifians des tissus comme ceux dont je viens de parler, tous les moyens restrictifs devraient être mis en œuvre afin de les écarter et de fournir à nos indigens de nouveaux élémens de travail.

En parcourant notre législation douanière, d'autres réformes pourraient être indiquées; mais ces questions ont le défaut d'être fastidieuses pour beaucoup de personnes. Il me suffira d'avoir appelé l'attention sur ce point, avec la conviction qu'un examen approfondi fera reconnaître que la carrière de l'industrie n'est pas fermée pour les fileuses des Flandres ; qu'il existe encore d'autres moyens d'utiliser leurs bras, d'autres occupations sédentaires qui soient appropriées à leur situation, et qui peuvent, de concert avec la dentelle et la ganterie, rendre cette situation moins pénible. Dans une commune populeuse de l'arrondissement de Gand, cette idée a été mise en pratique. Un homme industrieux y a introduit le festonnage des *mille-raies* ou *indéplissables*, espèce de basin, dont la consommation pour collerettes et garnitures est si considérable en Belgique. Un bon nombre de femmes et de jeunes filles s'adonnent à ce genre d'ouvrage, qui nous arrivait tout fait des environs de St-Quentin. Il est à désirer que des essais du même genre soient tentés ; le succès en est certain, pourvu que le tarif des douanes accorde à cette branche industrielle une protection suffisante et rationnelle.

VI. — *Industrie linière.*

Si cette branche de la production nationale tenait encore le rang qu'elle occupait autrefois, il serait superflu de se préoccuper du sort de la classe ouvrière. La misère qui la ronge maintenant, nous serait restée inconnue, et comme à toutes les époques de notre histoire, les événemens les plus calamiteux, comme les disettes, les épidémies, les invasions armées, qui ont si souvent dévasté notre sol, auraient beau fondre sur nous, il ne resterait plus, en très-peu d'années, des traces de leur passage. Il est vrai qu'alors 300,000 de nos compatriotes avaient un travail assuré, facile, s'adaptant à toutes les situations, et pouvant être exercé, dans ses divers degrés, à tous les âges de la vie.

Jusqu'en ces derniers temps cette situation si heureuse pour nos provinces continua de subsister. Quoique donnant moins de profits et de bien-être qu'à d'autres époques, la production linière était immense, et avait conservé sa supériorité sur toutes les autres branches d'industrie.

En 1838, année pendant laquelle notre commerce des toiles parvint à son apogée et égala la production si vantée du temps de l'empire, l'exportation atteignit le chiffre de 36,000,000 fr.

Mais depuis, une décroissance constante et régulière est venue nous frapper. En 1843, notre exportation de toiles était tombée à 19,900,000 fr.

Cette somme, quoique considérable, ne forme qu'une partie de ce tout immense qu'on appelle l'industrie linière.

Elle fournit à la consommation du pays au moins pour 22,000,000 fr.

Elle exporta encore en 1843 pour 5,300,000 fr. fils de lin et pour 7,500,000 de lin serancé et teillé.

Ces quatre articles accusent une production de francs 54,700,000. Ce n'est pas tout : ils ne comprennent pas la valeur des étoupes exportées, ni celle des fils simples et tors consommés dans le pays ou servant à la fabrication de la passementerie, des tapis et d'une quantité d'autres tissus mélangés.

On peut donc dire avec raison que l'industrie linière, quoique déchue, tient encore le premier rang parmi les diverses branches du travail national, et par la masse des capitaux qu'elle fait circuler, et par le nombre des bras qu'elle occupe.

Cette vérité est si bien comprise en Belgique que l'alarme est devenue générale ; que les efforts les plus actifs sont employés, que les investigations les plus suivies sont faites afin de nous conserver les différentes manipulations qui résultent de l'emploi du lin.

Ainsi on ne doit guère se flatter de jeter de nouvelles lumières dans l'examen d'une question si longuement et si laborieusement étudiée. On peut prétendre tout au plus à préciser les faits, à rectifier quelques opinions erronées, à analyser et à coordonner le travail d'autrui, à mettre en relief les moyens qui nous restent et qui ont été si souvent indiqués, pour améliorer notre production linière en général, et par conséquent le sort de la population rurale des Flandres.

Du travail ! voilà le cri incessant poussé par ces deux provinces. Il n'y a pas d'exigence aussi légitime que celle-là, et aucun effort ne doit nous coûter pour y satisfaire. Après avoir passé en revue les ressources qu'offre l'extension de l'agriculture, et celles qui peuvent être créées par l'introduction d'industries nouvelles, nous nous attacherons à prouver que l'industrie linière aussi, dont la décadence cause tous nos embarras, n'a besoin que d'être révivifiée pour que le travail renaisse dans nos campagnes ; que ce travail peut être trouvé dans la manipulation mieux entendue de la matière première ; dans les perfectionnemens et la centralisation de notre fabrication ancienne ; enfin dans l'adoption générale et décisive de la fabrication nouvelle ou à la mécanique.

Préparation du lin.

La Belgique excelle dans la culture et dans la préparation du lin. La production en lin teillé est évaluée à 21 millions de kilogrammes ; le nombre d'hectares ensemencés est de 41,000. Le lin valant moyennement 1 fr. 75 c., par kilog, il en résulte que 21 millions de kilog. représentent une valeur d'au-delà de 34 millions de francs (1).

Si d'autres contrées de l'Europe possèdent une culture de lin aussi étendue, il n'en est pas qui nous égalent quant à la qualité. Aussi nos lins sont réputés les meilleurs qui existent ; les autres nations les recherchent avec empressement au point qu'à différentes époques on s'est demandé si nos intérêts n'exigeaient pas que l'exportation en fût restreinte. Cette opinion a compté de chauds partisans pendant ces dernières années. Les uns voulaient des entraves à la sortie des lins en général ; les autres, en plus grand nombre, se basant sur ce que l'exportation avait lieu surtout dans les qualités supérieures dont le prix était par là devenu excessif, tandis que les qualités inférieures étaient délaissées et trouvaient à peine des acheteurs, se bornaient à demander que des catégories fussent établies et qu'on s'en tînt à imposer des droits à la sortie de la matière première la plus élevée en qualité, afin de la conserver à la fabrication du pays.

Quoi qu'il en soit, la controverse si vive qui passionna les Flandres au sujet de cette question, est assoupie pour le moment. Il semble qu'il est inutile de la réveiller en la traitant en détail, et que la véritable question, celle qui a de l'actualité et dont la solution peut offrir un résultat pratique, doit être posée ainsi :

La préparation du lin fournit-elle à la classe ouvrière toute la somme de travail qu'elle pourrait fournir ?

Cette préparation est-elle également bien conduite dans toutes les localités des Flandres ?

---

(1) Enquête linière. *Situation économique de la Belgique*, par le comte Arrivabene.

N'y a-t-il plus de progrès à faire?

Le pays de Waes et le pays de Courtrai ont acquis une supériorité marquée sur le reste de la Belgique pour ce qui concerne la culture et la préparation du lin. Cette branche de l'industrie agricole y rencontre les conditions les plus favorables pour réussir dans l'exposition et dans la nature du sol; c'est un avantage naturel qui appartient à ces contrées, et qui ne peut se départir là où il n'existe point. Mais en cela ne réside pas la cause unique de leur succès; il est aidé puissamment par les soins les plus minutieux, par le travail le mieux entendu et par des connaissances spéciales, dues à une longue pratique, lesquelles peuvent être étudiées et répandues avec fruit dans les autres contrées des Flandres.

Cette assertion vraie pour la culture du lin l'est surtout pour la préparation.

Dans les manipulations diverses qu'il subit, telles que l'arrachage, le rouissage, le blanchîment, le teillage, nulle part autant de soins et de main-d'œuvre ne sont dépensés, et nulle part aussi on n'est arrivé à de pareils résultats. Il est cependant de la plus haute importance pour la richesse publique, dans laquelle la production du lin a une si large part, pour le bien-être de la classe ouvrière qui a besoin de travail, et pour le maintien de notre fabrication, qu'en étendant les bonnes méthodes de préparation, un nouveau contingent de matière première, supérieure en qualité à celle que nous produisons généralement, soit acquis au pays. En marchant sur les traces des pays de Waes et de Courtrai, nous pouvons remédier en grande partie au malaise que les achats de lin faits pour compte étranger font peser à certaines époques sur notre industrie linière.

Les pays de Waes et de Courtrai produisent deux qualités de lin différentes, mais également recherchées. Le premier rouit à l'eau stagnante, et obtient du lin bleu-argenté, qui se distingue par le soyeux et la souplesse. Le second rouit à l'eau courante, et livre au commerce du lin jaune presque blanc, ayant pour qualités distinctives la finesse et la ténacité.

On ne peut guère espérer de voir se répandre beaucoup la méthode de Courtrai. Pour réussir, il faut une réunion de circonstances qui se présente très-rarement. Il est essentiel d'abord de posséder une rivière ayant les propriétés de la Lys, c'est à dire la limpidité et le moëlleux de l'eau, la régularité du courant ; et ensuite d'avoir la qualité du lin. La fibre doit être forte pour pouvoir supporter le rouissage à l'eau courante. Des expériences faites avec les lins du pays de Waes qui manquent du nerf nécessaire ont complétement échoué. Il y a pourtant des localités où les conditions requises existent. Dans l'arrondissement de Gand coule une petite rivière qui a les mêmes eaux que la Lys, et sur les bords de laquelle croissent des lins d'une qualité supérieure. En effet, ils s'achètent pour compte de marchands français qui vont les rouir dans la Haute-Lys et les revendent après cette opération comme lins de Courtrai. Ils rentrent alors dans la fabrication des toiles les plus fines, tandis que là où ils sont récoltés, on s'en sert pour les lèzes les plus communes. D'autres exemples de même nature pourraient être trouvés ; mais il est toujours vrai de dire qu'ils sont rares, et que la méthode du Courtraisis ne peut être généralisée.

Il n'en est pas de même de la méthode du pays de Waes.

Le rouissage à l'eau stagnante est généralement pratiqué par toute la Flandre ; les autres opérations qu'exige la préparation du lin sont les mêmes ; il n'y a que cette différence que les apprêteurs du pays de Waes, n'étant ni fileurs ni tisserands, ont de tout temps exercé leur métier comme industrie principale, tandis que, dans les autres districts liniers, où le commerce du lin pour l'exportation n'existe pas, où toutes les manipulations sont confondues et passent par la même main, l'art de l'apprêteur trop négligé jusqu'ici n'a été considéré que comme accessoire. Cette différence de procéder se remarque surtout dans la première et la plus importante des opérations que subit le lin avant d'être filé, celle du rouissage. Dans le pays de Waes des routoirs sont construits exprès ; on choisit le terrain et l'eau convenable ; ceux qui donnent une teinte jaune au lin ou le tachent de rouille, sont répudiés ; ceux au contraire qui donnent une belle couleur et de la souplesse, sont recherchés avec empressement et se louent à Zele et dans les environs jusqu'à 12 florins pour y rouir la récolte d'un journal. Surtout aucun routoir ne sert deux fois dans la même saison.

Pour les autres districts des Flandres, le tisserand qui

achète du lin sur pied, et le fermier qui le récolte pour son propre usage, n'y mettent pas autant de façons. Le premier se sert de la fosse que le vendeur, d'après la coutume, doit mettre à sa disposition. S'il y a deux acheteurs et si les eaux sont insuffisantes, le même routoir est employé une seconde fois au grand détriment de la qualité du lin.

Le pays de Waes l'emporte également dans les autres parties de la préparation ; et c'est au moyen de cette industrie que la population agricole la plus dense de l'Europe a pu s'acquérir un bien-être qu'on voudrait voir régner partout.

Les avantages qui en découlent peuvent devenir communs à beaucoup de contrées des Flandres qui sont en proie à la plus affreuse misère ; tous les élémens de succès y existent : il importe seulement de les développer en y répandant les connaissances spéciales qui ne devraient pas plus longtemps rester concentrées dans le pays de Waes. S'il était redevable de sa supériorité, comme quelques-uns l'ont cru, à la qualité des lins qu'il produit, il est probable que les essais qu'on tenterait ailleurs seraient infructueux. Mais il n'en est rien. Les apprêteurs ne peuvent se borner à mettre en œuvre les lins qui se récoltent autour d'eux ; ils ne trouveraient pas la moitié de ce que réclame l'étendue de leurs opérations ; aussi ils complètent leurs approvisionnemens dans le Brabant, dans les poldres, en Hollande ; et par l'excellence de leurs procédés, ils parviennent à produire une marchandise qui en passant par leurs mains acquiert quelquefois une valeur double de celle qu'elle aurait eue étant apprêtée au lieu de sa croissance. Un grand nombre de faits constatés par l'enquête linière ne laissent aucun doute à cet égard.

Comme conclusion de ce qui précède, on peut dire que la préparation du lin réclame toute l'attention de ceux qui s'intéressent au bien-être des Flandres ; qu'elle laisse encore beaucoup à désirer ; que la perfection à laquelle est parvenu le pays de Waes dans cette branche de travail, peut être acquise par d'autres localités qui possèdent au même degré les conditions nécessaires pour réussir ; enfin qu'il est du plus haut intérêt pour l'avenir de l'industrie que le pays se mette à couvert des accaparemens de l'étranger, en s'approvisionnant de plus en plus de lin d'une qualité supérieure.

Il serait difficile, pour ne pas dire impossible, de calculer, même approximativement, quel serait le capital acquis au pays, quelle serait la somme des salaires qui se distribueraient à la classe ouvrière, si les 20 millions de kilogrammes de lin teillé que produit la Belgique, étaient apprêtés avec la perfection qui distingue le pays de Courtrai et le pays de Waes. Les bases de ce calcul manquent complétement : il ne reste qu'à procéder par hypothèse. Supposons donc que l'augmentation en valeur et en salaires ne soit que d'un dixième de ce qui existe maintenant, et voyons quel serait le résultat.

Les recherches de l'enquête linière ont prouvé que la culture du lin en Belgique produit un capital de 34,300,000 fr.; que le nombre de journées que nécessitent les préparations est de 9,470,000. Le pays s'enrichirait par conséquent d'un revenu de 3,400,000 fr., et la classe ouvrière des campagnes conquerrait un million de journées de travail.

Il est évident que ce calcul serait bien inférieur à la réalité si un succès complet pouvait être obtenu. Mais on ne peut se bercer de cet espoir. On ne déracine pas, on ne transforme pas subitement des habitudes et des procédés séculaires.

Quoi qu'il en soit, cette question, je le répète, intéresse au plus haut point la prospérité de nos provinces, et le sort de notre population rurale, dont l'existence est intimement liée à la production du lin. Toute augmentation de main-d'œuvre qui peut en découler, doit être provoquée avec empressement. Rien n'est inutile ou infime lorsqu'il s'agit de procurer du travail à nos ouvriers en détresse.

Quant aux moyens d'exécution, ils ne seraient pas difficiles à trouver. On sent que, pour quelques essais de ce genre, il ne faudrait pas faire des dépenses bien considérables, et que pour les conduire à bonne fin, les instructeurs ne nous manqueraient pas.

Les pays producteurs de lin, parmi lesquels la Belgique tient le premier rang, ont vu s'ouvrir devant eux le plus bel avenir du jour que la mécanique est parvenue à le mettre en œuvre. Nous nous repentirions de notre imprévoyance si, en vue de cet avenir, nous ne nous mettions pas dès à présent en mesure, en généralisant les meilleurs procédés de préparation, de pouvoir satisfaire à une consommation à laquelle il est impossible d'assigner des limites.

VII. — *Ancienne industrie linière.* (*)

Deux causes principales ont coïncidé pour accabler la plus ancienne et la plus importante de nos industries. La première consiste dans le tarif français, dont les dispositions, de plus en plus hostiles, tendent à équivaloir à la prohibition de nos produits ; l'autre résulte des progrès de la mécanique qui, en s'emparant du filage du lin, a généralisé la fabrication des toiles dans tous les pays industriels, et nous a enlevé les avantages spéciaux que nous tenons de notre position, d'une longue pratique et d'une vogue bien méritée. Il n'est malheureusement pas en notre puissance de nous soustraire à l'une ou à l'autre de ces causes de décadence. La première dépend de l'étranger, qui a, lui aussi, une industrie linière à défendre contre la concurrence ; la seconde est une conquête du génie industriel de notre époque, de laquelle nous devons nous emparer, parce que c'est créer une nouvelle branche de travail, et qu'en industrie, toute découverte nouvelle, favosant la production et le bon marché, doit être adoptée, sous peine de succomber dans la lutte, ou de ne pas atteindre à la richesse de ses voisins ; ce qui, dans ce cas, constitue un appauvrissement.

La France est le principal débouché pour notre industrie linière, et malheureusement pour notre bien-être comme pour notre dignité comme nation, nous nous trouvons à sa merci. En 1830, nos importations consistaient pour les 99 centièmes en toiles belges ; en 1841, elles y entraient encore pour les 67 centièmes. Cette diminution résultait de la concurrence anglaise, qui s'emparait d'une partie de notre marché, et qui menaçait d'anéantir en peu de temps la fabrication linière française. A cette rivalité redoutable, la France opposa des mesures douanières presque prohibitives, qui nous atteignirent également. On se rappelle l'agitation qui, à cette occasion, régna dans les Flandres, les négociations qui eurent lieu et qui nous firent obtenir, au prix de concessions réelles, une exception formulée dans la convention du 16 juillet.

(*) Ce chapitre a paru dans *l'Organe des Flandres* du 28 novembre 1845.

Aujourd'hui tout est remis en question : l'exception que nous avions achetée chèrement, viendra à cesser dans quelques mois, et de nouvelles négociations, dont on ne peut, à l'heure qu'il est, prévoir l'issue ni deviner les bases, se poursuivent entre les deux pays. Aussi doit-on se borner à former des conjectures et à analyser les opinions diverses qui règnent tant en France qu'en Belgique sur les relations commerciales qu'il s'agit d'établir. Seront-elles restreintes par une guerre de tarif ? seront-elles facilitées par une tarification plus libérale et par des concessions mutuelles? C'est ce que nous apprendra l'avenir.

L'idée qui s'éloigne le plus de ce qui existe maintenant, appartient aux économistes les plus éclairés : ils entrevoient des avantages immenses pour les deux pays dans la suppression de la ligne de douanes : l'union franco-belge doit faire contre-poids à l'union allemande d'un côté, à la suprématie industrielle de l'Angleterre de l'autre. Dans cette vue, quelques-uns vont même plus loin et rêvent une union méridionale, congénère du blocus continental, ou plutôt émanée de cette grande utopie. En se bornant même à l'union franco belge, les résistances de tout genre, les obstacles de toute nature doivent arrêter les volontés les plus décidées, et en reculer la réalisation dans un avenir très éloigné.

Il y a d'abord à compter avec les autres puissances, qui ne manqueraient pas de s'opposer à une mesure décisive, tendant à confondre de plus en plus les intérêts de deux peuples, à les faire vivre d'une vie commune, à enchaîner irrévocablement leurs destinées, à détruire ce qui reste de la barrière si laborieusement organisée par l'Europe contre la France et qui se résume dans notre neutralité. Il y a ensuite à compter avec les intérêts français et avec les intérêts belges. Certaine partie de l'industrie française craint de voir entamer le monopole qui lui rend la vie si facile, et se crée un fantôme de nos moyens de production. La question politique est nulle pour elle, pourvu qu'aucun rival ne vienne lui faire concurrence. Elle est assez bien représentée pour se faire écouter et pour imposer silence à des intérêts opposés qui existent à côté d'elle.

En Belgique aussi, certaines industries se régimberaient contre la suppression des douanes. Les réimpressions, la fabrication des papiers, des bronzes, des articles de luxe éleveraient la voix dans la persuasion qu'il n'y a de salut pour elles qu'en s'abritant derrière le tarif. Mais chez nous, la résistance viendrait surtout de la part de ceux qui appréhendent qu'une union commerciale ne soit un acheminement vers une réunion politique, et que la suppression de la ligne des douanes ne devienne la suppression de notre nationalité.

Enfin, la phalange des adversaires de cette grande mesure se grossirait de tous ceux qui en Belgique se font un épouvantail des droits réunis, du régime du sel et du tabac qui existent en France et que nous devrions adopter. La multitude s'effraie de la perception un peu acerbe des charges publiques, et pour elle un système d'impôts anodin est le plus précieux des biens; le monopole réservé au gouvernement, les visites fiscales et la coërcition sont la pire de toutes les tyrannies.

On voit que l'union douanière compte des adversaires nombreux et puissans, qu'elle aura des difficultés innombrables à vaincre. Quels en sont les partisans? Chez nos voisins il faut mettre en première ligne tous les hommes doués d'un sens politique élevé, qui mettent la grandeur de la France au-dessus de l'égoïsme de l'intérêt particulier, et qui ne craignent pas d'acheter une nouvelle influence pour leur patrie au prix de la perte de quelques voix dans le Parlement. Hommes d'élite, ils ne sont pas très-nombreux, mais leur influence doit s'accroître, parce que la supériorité et la raison finissent tôt ou tard par triompher. Ils sont d'ailleurs soutenus par une partie notable de la France, qui apprécie ce que vaut la consommation belge et ce qu'elle peut devenir par la liberté des transactions.

En Belgique les classes agricoles et industrielles sont impatientes de pouvoir déployer leur activité sur un vaste marché. A toutes les considérations politiques, elles opposent le besoin de travailler et de vivre qu'éprouve la population, et elles se demandent s'il ne vaut pas mieux, tout en conservant nos lois politiques, subir l'influence morale d'un grand pays, à laquelle au reste on ne peut se soustraire, en obtenant en échange une grande prospérité matérielle, que de mourir d'un pléthore, en continuant de s'abriter derrière une ligne de douanes qui peut arrêter la circulation des marchandises, mais nullement celle des idées. Elles se demandent aussi s'il n'est pas préférable de payer quelques impôts de plus, pourvu qu'on ait les moyens de les acquitter, que de voir réduire d'année en année le nombre des contribuables.

Malheureusement cette grande question de l'union douanière n'est pas en discussion ; elle est réservée pour l'avenir, et ne peut se résoudre qu'à la faveur d'événemens politiques qui sont peut-être encore loin de nous. La tâche de notre diplomatie commerciale est plus restreinte ; elle peut poser des jalons, mais ne peut directement marcher vers le but ; et ce qui plus est, dans le moment actuel les négociations qu'elle poursuit ont moins pour objet d'avancer que d'arrêter un mouvement de recul. C'est en effet ce qui a lieu pour le renouvellement de la convention du 16 juillet, dont les stipulations viennent à tomber dans quelques mois.

La polémique qui s'est engagée sur cette affaire a aussi constaté une grande divergence d'opinions. En France, les intérêts engagés dans l'industrie linière demandent à grands cris que la convention ne soit pas renouvelée ; ils exigent que la consommation de leur pays leur soit complètement acquise, lors même qu'ils sont hors d'état de faire face aux besoins de cette consommation. Ceux qui ne sont pas intéressés directement dans cette industrie, ne poussent pas leurs prétentions aussi loin et consentent à nous admettre sur le marché français au prix de nouveaux sacrifices. Telle paraît être la marche adoptée par le gouvernement de ce pays.

Chez nous, il y a unanimité pour repousser les nouvelles concessions que nos voisins veulent nous extorquer ; la mesure est comble pour tout le monde. Bien plus, des hommes très-compétens repoussent le renouvellement pur et simple de la convention comme un véritable leurre pour la Belgique. Ils ne tiennent pas compte, il est vrai, des avantages qu'en ont recueillis les établissemens travaillant à la mécanique, mais se plaçant exclusivement au point de vue de l'ancienne industrie linière, ils basent leurs argumens sur les faits suivans :

La protection qui est réservée à la France sous le régime de la convention du 16 juillet, est assez élevée pour continuer de restreindre nos importations ; le marché français doit de jour en jour se clore davantage devant nous, et si ce traité nous conserve du travail, il ne peut nous empêcher de mourir de faim, parce que nos malheureux tisserands se livrent à un travail improductif.

La convention du 16 juillet n'a pas réalisé les espérances qui avaient été conçues; nous n'avons pas profité de la disparution de la concurrence anglaise, puisqu'elle a été remplacée, en grande partie, par la concurrence française, qui a été stimulée par tous les moyens possibles, même par ceux que la loyauté la plus ordinaire n'oserait avouer.

Ainsi avant cet acte diplomatique, la France avait eu recours, dans l'exécution de sa loi des douanes, aux manœuvres les plus hostiles. Elle faisait appliquer le compte-fil du côté de la lisière où le tissu est le plus serré. Comme cette pratique est propre à l'ancienne industrie linière, celle-ci en éprouvait un double dommage, d'abord celui de ne pouvoir lutter contre les toiles anglaises, d'un tissu plus égal, et ensuite celui de subir une aggravation de charges vis à vis de la fabrication française, qui recevait une protection supplémentaire en dehors du tarif.

Une mesure analogue fut prise par la France immédiatement après les négociations commerciales de 1838, dont le résultat était un véritable contrat synallagmatique, quoi qu'en disent nos voisins. A peine avions nous fait des concessions importantes en abaissant les droits et en levant les prohibitions dont certains produits français étaient frappés, que l'amendement Delespaul, voté par les Chambres françaises, est de nouveau venu en aide aux tissus de fil mécanique de l'Angleterre, en faisant de meilleures conditions à ces tissus, puisque de la manière dont le tissage est organisé par nos rivaux, la fraction de fil peut être évitée.

Et depuis la convention du 16 juillet, qu'avons-nous vu? A peine un mois après la signature, un arrêté du ministre de la guerre défend l'usage dans l'armée et dans la marine des toiles fabriquées en Belgique. C'était nous enlever d'un seul coup un débit dont nous étions en possession depuis un temps immémorial.

Une autre instruction ministérielle soumet au double droit des toiles d'une certaine nuance, c'est à dire, qu'elle les frappe de prohibition; ce sont les toiles fabriquées aux environs de Gand et connues sous le nom de blondines.

Enfin, nous avons eu dernièrement l'affaire des types. Cette fois la France s'attaquait aux toiles de Courtrai.

Ces griefs sont communs à toutes les opinions, soit favorables, soit contraires au renouvellement de la convention du 16 juillet. La Belgique entière subit ces avances avec répulsion, et il n'est pas étonnant que même par ceux qui prennent le plus à cœur la prospérité de l'industrie linière, on entende pousser le cri de « plus de convention du » 16 juillet, à moins qu'on n'obtienne un véritable dégrè» vement. La convention n'était que la consécration du » *statu quo* qui déjà nous permettait à peine de vivre; il » nous faut maintenant quelque chose de plus : il nous faut » surtout des garanties contre les menées subreptices de » la France, par lesquelles elle retire d'une main ce qu'elle » avait concédé officiellement de l'autre. »

Cette manière de voir est absolue ; elle est dictée par le sentiment de la misère publique et par l'indignation du pays; mais elle peut manquer de calcul et de prévoyance et rendre notre situation, de pénible qu'elle est, tout à fait intolérable. Aussi, il est une autre manière de voir qui semble réunir l'adhésion du plus grand nombre et qui convient mieux à la situation présente ainsi qu'aux exigences de l'avenir. Ceux qui veulent acheter le renouvellement de la convention par de nouveaux sacrifices, sont infiniment rares en Belgique; mais pour le cas où elle ne pourrait être améliorée par un abaissement du tarif français, nous ne devrions pas la repousser. Dans les affaires privées chacun est libre de compromettre sa fortune ou ses relations ; mais quand il s'agit de jouer l'existence d'une population nombreuse, de sauver, ne fût-ce que momentanément, les débris d'une grande industrie, c'est le sentiment de l'humanité et de la prudence qui doit faire taire celui de l'indignation et du découragement.

Qu'arriverait-il si la convention n'était pas renouvelée, soit que la France élevât de nouvelles prétentions, soit que la Belgique exigeât des conditions meilleures?

Qu'arriverait-il si le *statu quo* était prorogé ?

Ces questions résument pour le moment la situation diplomatique de l'industrie linière. Voyons le résultat qui l'attend d'après l'une ou l'autre solution.

Nous savons que, pour l'industrie linière, nous sommes enchaînés à la France ; c'est une dépendance fâcheuse pour notre nationalité et pour notre bien-être que celle qui résulte d'un seul marché. Nous n'avons pas exploité comme les Anglais et les Allemands les autres contrées du globe; les pays transatlantiques, à l'exception des anciennes possessions espagnoles, où nous avons conservé un placement assez important, sont presque inconnues à notre industrie linière. Or, si la convention venait à cesser ses effets brusquement, la concurrence anglaise nous saisirait et ne partagerait plus avec nous la part que la fabrication française est encore forcée d'abandonner à ses rivales. Les effets désastreux que les adversaires du maintien pur et simple de la convention prévoient pour l'avenir, affligeraient le présent, la stagnation serait complète et la misère à son comble.

L'opinion plus modérée qui, ne pouvant obtenir mieux de la France, se contente du *statu quo*, est fondée en saine raison et en bonne politique. Ce qui existe ne pare pas à la crise, il est vrai, n'arrête pas la marche décroissante de notre industrie linière; mais nous obtenons le bénéfice du temps qui nous permet de saisir toutes les éventualités et de nous préparer pour toutes les hypothèses. Ce ne peut être là le dernier mot de la France; il est à espérer, au contraire, que ce n'en est que le premier, et que nonobstant des antécédens déplorables, deux peuples que la nature, le voisinage, les mœurs et la forme du gouvernement convient à se serrer l'un contre l'autre, ne resteront pas éternellement en état de guerre douanière par la faute de l'un des deux.

S'il en est ainsi, il y aura réunion douanière complète ou réduction des deux tarifs. C'est ce que désirent aussi ceux qui ne se contentent pas de la convention du 16 juillet; mais il y a cette différence qu'ils exigent la réalisation de l'une ou de l'autre de ces éventualités immédiatement, sinon, qu'ils veulent une rupture.

Pour le cas qu'il n'en soit pas ainsi et que certaines industries françaises qui ne veulent même pas du maintien de la convention, parviennent à rendre un rapprochement impossible, la position qui nous est faite dans ce cas est fâcheuse sans doute, mais n'est pas désespérée. Nous avons, au moyen de la convention, un répit nécessaire, et le gouvernement, il faut l'espérer, ne manquera pas de prévoyance, comme il le fait depuis bientôt quatre ans.

Si le marché français se ferme de plus en plus à nos toiles, l'activité nationale sera mise en branle pendant ce répit, pour remplacer la France par d'autres débouchés ; en outre, rendant guerre pour guerre, toutes les industries qui servent à la France comme échange contre nos toiles, pourront être encouragées chez nous. D'un côté, nous aurons le temps de nous préparer à la lutte avec les Anglais et les Allemands aux Etats-Unis, au Brésil, aux anciennes colonies espagnoles, et d'un autre côté, celui de transformer une partie de nos tisserands en toiles en tisserands de mousseline de laine, d'étoffes de Roubaix, de mérinos et même de soie et de velours. Tout ce qu'il y a chez nous de patriotisme et de ressources, devra tendre à cette fin. Le succès nous attend si le gouvernement veut mettre à profit l'expérience acquise pendant la première période de la convention. Il doit être bien persuadé qu'une révolution industrielle a éclaté sur notre population, et qu'à lui appartient d'en diriger le cours, sous peine d'y voir compromise notre nationalité elle-même.

Toutes ces raisons rendent indispensable le renouvellement de la convention du 16 juillet.

Mais à l'obtenir et à l'accepter ne doit pas se borner notre tâche.

De quelque nature que soient plus tard nos relations avec la France, il y a des immenses misères actuelles auxquelles il faut pourvoir ; elles découlent principalement de l'antagonisme qui existe entre les deux branches de l'industrie linière. Cette lutte constante et obstinée se perpétuera et sur notre propre marché, et sur le marché français, entre nous et la fabrication de ce pays ; ou bien, la concurrence sera déplacée par le déplacement de nos débouchés, et cette même lutte s'engagera dans les pays transatlantiques entre nous, l'Angleterre et l'Allemagne.

Lors de l'apparition du filage mécanique, en 1833, l'opinion était généralement répandue que les produits en étaient tellement inférieurs que les toiles faites en fil à la main n'en avaient rien à craindre. Jusqu'à ce jour même beaucoup de personnes ont cru que les consommateurs désabusés rejeteraient les nouveaux produits et reviendraient à la clientelle de l'ancienne fabrication. Cette manière de voir était fondée sur quelques indices partiels qui avaient fait naître l'espoir que la prospérité des Flandres sortirait saine et sauve de la crise. Mais des faits nouveaux se sont produits, et il est hors de saison de s'abuser. En effet, l'ancienne industrie linière a presque complétement disparu du sol de l'Angleterre ; la même chose se voit en France, où le tissage du fil mécanique l'emporte déjà dans les districts liniers de la Bretagne et de la Normandie, et on peut prédire que la Belgique n'échappera pas à cette transformation, même pour sa consommation intérieure, si des mesures énergiques et convenables ne sont pas adoptées afin de la prévenir.

Certainement, il est plus commode et plus agréable d'entretenir des illusions, et de s'en rapporter au temps pour faire revenir à nous nos consommateurs d'autrefois. Il fut une époque où cette quiétude était permise ; elle ne l'est plus aujourd'hui : le moment est arrivé, au contraire, de systématiser les essais qui ont été tentés et les recherches qui ont été faites pour rendre notre ancienne industrie linière capable de lutter avec sa rivale.

Ces recherches ont porté principalement sur la supériorité que possède l'une ou l'autre industrie quant à la durée et la solidité du tissu, la régularité de la confection, le prix de revient, l'intérêt du consommateur. D'après les conclusions qu'on tirait de ces différens faits, on assignait la palme soit à l'ancienne, soit à la nouvelle industrie ; mais il semble qu'en portant ses regards sur l'essence de la fabrication, on ne s'est pas assez attaché à l'examen d'une autre cause de supériorité, laquelle résulte de la différente organisation de ces industries. Le côté matériel, si l'on peut s'exprimer ainsi, a fait perdre de vue le côté abstrait de la question.

Le progrès fait par la fabrication mécanique, réside bien moins dans la qualité et le bon marché, qu'en ce qu'elle travaille sur une grande échelle, qu'elle adopte la division du travail, qu'elle possède des capitaux, et qu'elle est mieux placée pour vendre, parce qu'elle arrive au consommateur plus directement et qu'elle est mieux renseignée sur les demandes et les besoins qui se révèlent dans les divers pays ; en un mot, en ce qu'elle est centralisée, tandis que nous en sommes encore à la petite fabrication et au travail isolé. S'il en est ainsi, et les explications qui vont suivre le prouveront à l'évidence, la marche est tout tracée. Connaissant les causes qui rendent les conditions de lutte inégales pour l'ancienne industrie linière, notre tâche doit être de rétablir l'équilibre, en nous emparant des avantages que la nouvelle industrie retire de son organisation.

Dans les affaires commerciales et industrielles comme en politique et en administration, la nécessité de la centralisation devient de plus en plus impérieuse. Autrefois, chaque ouvrier était fabricant, comme chaque village avait son seigneur et sa juridiction, comme chaque province avait sa ligne de douanes, ses péages et ses impôts. Aujourd'hui les douanes de province à province ont non seulement disparu, mais les petits Etats tendent fatalement à s'agréger à des voisins plus puissans; l'action politique et administrative est dévolue à l'Etat. En industrie, ce n'est pas seulement le travail isolé qui a succombé, mais des établissemens industriels moyens ont été également absorbés par ceux de leurs concurrens qui ont pu établir de vastes ateliers. Cette loi de l'agrégation doit s'étendre à tout ce qui exige des opérations étendues et compliquées; elle finira même par enlacer la vente de détail, comme on en voit la tendance dans ces immenses bazars, véritables caravanserails qui s'élèvent dans la plupart des capitales de l'Europe.

Dès-lors, est-il probable que l'ancienne industrie linière puisse échapper à cette loi constante de centralisation qui envahit toutes choses? On doit répondre : Non. Peut-elle se centraliser et se discipliner, sans que son existence soit compromise ? On doit répondre : Oui.

En se centralisant et en s'organisant, a-t-elle des chances pour soutenir la concurrence de la nouvelle industrie ? La réponse doit être encore affirmative.

Pour faire accepter la solution qui vient d'être donnée à ces questions, il suffira d'établir un parallèle entre les deux industries et d'énumérer les avantages et les désavantages qui sont propres à l'une et à l'autre par suite de leur organisation.

A mesure que la fabrication des tissus devient plus facile et moins coûteuse, le prix de la matière première doit être prise en plus grande considération, parce qu'elle entre pour une plus grande part dans la dépense générale de l'objet qui est produit.

Les deux industries mettent en œuvre le lin et les étoupes; c'est une matière première de grande valeur; celle qui l'achète au meilleur prix a un grand avantage sur l'autre; celle qui en tire le meilleur parti a un second avantage. Voyons si notre ancienne fabrication est favorisée sous ce rapport. Nos tisserands achètent du lin sur pied ou par petites parties au marché. Dans le premier cas, ils le récoltent et l'apprêtent eux-mêmes. Pour l'obtenir, ils ont besoin de crédit, qui ne leur est accordé que moyennant des sacrifices, de sorte que le prix du lin s'élève en raison des risques que court le vendeur.

La position de ceux qui achètent par petites pacotilles est encore plus fâcheuse : ils perdent un grand nombre de journées en se rendant aux marchés des villes voisines ; ils doivent acheter à tout prix à mesure que le tissage de leur pièce de toile avance ; étant hors d'état de faire des approvisionnemens, leur tissu est inégal, parce que le lin qu'ils se procurent successivement diffère de nuance et de qualité.

Il n'en est pas de même pour les filatures. Non seulement elles achètent à plus bas prix, puisque le vendeur qui est souvent payé comptant, échappe à toutes les chances de perte, mais elles peuvent en outre choisir le moment opportun et saisir les circonstances favorables pour faire leurs assortimens.

Le tisserand des Flandres, outre qu'il paie son lin plus cher, a de plus le désavantage de ne pas pouvoir en tirer un aussi bon parti.

On sait que le lin diffère de qualité, soit en finesse en souplesse ou en tenacité, d'une année à l'autre ; que ces différences se remarquent de commune à commune, et même d'un champ à un champ voisin.

Nos fabricans isolés ne peuvent tenir compte de ces résultats, parce qu'étant habitués à filer et à tisser une espèce unique de toiles, ils ne savent pas varier leur fabrication selon la qualité du lin qu'ils emploient ; le lin est donc ou trop bon ou trop mauvais pour le tissu qu'ils produisent.

Les filatures à la mécanique au contraire font de la matière première un triage exact et rigoureux, afin que la finesse du lin et de l'étoupe soit toujours proportionnée au N° du fil qui s'enroule sur la broche

Ainsi, sous ces deux rapports, l'ancienne industrie linière subit des conditions d'infériorité qui à elles seules rendraient la concurrence difficile. L'emploi judicieux de la matière première devient de plus en plus, je le répète, un élément de succès ; et c'est en tirant du lin et de l'étoupe du fil d'un N° plus élevé que ne peut le faire la fileuse, que la mécanique, nonobstant les frais d'établissement et de combustible, le paiement des intérêts des capitaux engagés, l'usure et les changemens fréquens du matériel, est parvenue à gagner du terrain sur l'ancienne fabrication.

Examinons maintenant ce qui se passe quant au filage. Le fil étiré au moyen des broches a pour lui la régularité comme tout ce qui se fait mécaniquement ; mais celui qui est fait au rouet a plus de solidité et de moëlleux ; telle est du moins l'opinion généralement admise. Je suppose que ces avantages, en se balançant, établissent une compensation pour l'une et l'autre industrie. Or, si l'ancienne pouvait acquérir cette régularité, au moins celle qui résulte du classement du fil par N°, et la joindre à la qualité qui lui est propre, c'est à dire, à la solidité, il est évident qu'elle aurait une chance de plus de sortir triomphante de la lutte. Mais aussi longtemps qu'elle restera dans l'isolement, cela est impossible. A défaut du dévidage métrique, qui ne pourra se généraliser dans les campagnes, le tisserand continuera d'employer et de choisir son fil à la vue ; une même toile contiendra une certaine variété de fil, et la trame ne sera pas toujours proportionnée à la chaîne, au grand détriment de la beauté et de la régularité du tissu.

Mais c'est principalement en vue de la vente que l'organisation de notre ancienne industrie laisse à désirer. N'ayant pas des relations directes au dehors, n'en ayant même presque pas avec le négociant indigène qui achète ses produits, le tisserand isolé ne peut connaître que très-imparfaitement le goût des consommateurs ; il reste étranger aux artifices de l'apprêt, du pliage et de l'ornementation qui varient selon les divers pays. Il est mal renseigné quant à l'espèce de toiles dont le besoin va se révéler sur l'un ou l'autre marché étranger, et ne pouvant approprier sa fabrication aux circonstances, il continue à tisser pendant six mois, pendant un an peut-être, une espèce de toile qui est délaissée. En second lieu, avant que cette toile parvienne jusqu'au consommateur, elle passe par les mains d'un grand nombre d'intermédiaires, qui, à cause des profits qu'ils prélèvent sur cette marchandise, en font hausser démesurément le prix. Nous avons d'abord les commissionnaires connus en Flandre sous le nom de *kutsen*, qui achètent soit pour compte direct d'un négociant, soit par spéculation, pour le marché. Vient ensuite le négociant de toiles, qui n'est le plus souvent aussi qu'un commissionnaire, agissant pour des maisons de la France, de l'Espagne ou de la Havane. En troisième lieu, nous avons les maisons établies dans les pays de consommation, et enfin les détaillans. Du moment que tous ces intermédiaires ont fait des bénéfices sur leurs opérations, les toiles belges éprouvent un renchérissement qui s'élève dans beaucoup de cas de 25 à 30 p. c. A cela ne se bornent pas encore les désavantages que l'ancienne industrie subit pour vendre : il est un autre genre de pertes qui retombent directement sur le producteur. Lorsqu'il expose lui-même sa toile au marché, ce qui est le cas le plus ordinaire, il est assujéti à des frais de transport, de place, de mesurage; il perd au moins une journée de travail par pièce de toile, parce qu'il est rare qu'il puisse s'en défaire de la première fois, et tous ces frais réunis, lui enlèvent un cinquième, sinon plus, de son modique salaire.

La fabrication en grand procède d'une manière plus simple et plus économique : ou la marchandise s'exporte pour le compte du fabricant, ou elle se vend à un négociant qui a des comptoirs établis sur les lieux de consommation ; de façon qu'un ou deux intermédiaires peuvent être supprimés et que des frais inutiles ne viennent pas surcharger le prix de ses produits.

On peut conclure de ce parallèle, que le progrès de la nouvelle industrie et la décadence de l'ancienne résultent surtout de la différence de leur organisation.

Afin de rendre cette assertion plus évidente, plaçons notre ancienne industrie linière dans la position de sa rivale: supposons-la organisée comme elle, recevant l'impulsion d'un entrepreneur d'industrie qui possède des capitaux et des connaissances professionnelles, qui s'attache à la division du travail et s'empare des perfectionnemens dont chaque partie de l'industrie linière est susceptible. Ou tout au moins, à défaut d'un fabricant, supposons que l'idée qui a cherché à le remplacer par des comités industriels, reçoive une exécution complète et intelligente, et demandons-nous quels avantages en découleraient pour notre production, tant sous le rapport de la fabrication que du prix du revient, et quels sont les dommages qu'elle pourrait éviter.

Matière première. Une association ou comité qui sera

substitué au travailleur isolé, aura à sa disposition des capitaux. Il achètera le lin plus favorablement que le tisserand, parce que le vendeur courra moins de risques. Doué des connaissances requises, il adoptera les meilleures méthodes de rouissage, et il fera choix de routoirs convenables, comme le font les préparateurs du pays de Waes. Toutes les opérations subséquentes qui constituent la préparation du lin seront exécutées avec soin et économie. Des machines perfectionnées comme il en existe à Gand dans un établissement de préparation, seront employées pour le sérancer; des cylindres canelés seront substitués aux outils défectueux dont on se sert pour le broyer; des serans gradués et à pointes d'acier remplaceront ceux qui sont en usage et qui, en faisant plus d'étoupe, apportent un déchet considérable à la matière première.

Filage. Ayant un magasin de lin, le premier soin d'un comité sera de le trier et de le classer par assortimens, lesquels seront, en raison de leur finesse, soumis au filage d'après le N° du fil qu'il s'agira de produire. Le dévidage métrique, emprunté à la nouvelle industrie, sera rigoureusement suivi, parce qu'il en résulte les plus grands avantages sous le rapport de l'apparence, de la régularité et de la bonne confection du tissu.

Quant aux autres manipulations qu'exige le fil, avant qu'il soit mis sur le métier, un comité les exécutera mieux et fera des essais qui sont hors de la portée d'un tisserand, comme le blanchiment avant le tissage qui est adopté en Angleterre pour certaines toiles : le débouillage se fera en grand et avec plus d'égalité : le fil sera séché dans un local approprié à cette fin, tandis qu'en hiver le tisserand est quelquefois forcé de chômer, parce qu'un rayon du soleil lui fait défaut; enfin, un comité essayera de parer les chaînes avant le tissage comme cela se pratique dans d'autres fabrications.

Tissage. Dans le tissage aussi, la centralisation doit produire les meilleurs effets. La trame étant dans tous les cas proportionnée à la chaîne, le tissu sera meilleur, et d'un coût souvent moins élevé; la même qualité et la même nuance de fil se produiront sur toute la longueur de la pièce de toile. Et ce qui est encore plus important, les progrès que le tissage a déjà faits, et ceux qu'il pourra faire dans la suite, au lieu d'être dédaignés, ou de ne tomber en partage qu'à un petit nombre d'ouvriers, seront adoptés et propagés avec empressement par un comité industriel qui est digne de ce nom. On sait qu'il existe différens systèmes de temples au moyen desquels les lisières se font sans être endommagées ; on connaît aussi les peignes métalliques qui l'emportent beaucoup sur les peignes en roseau, que les tisserands louent à un taux usuraire et pour lesquels ils se trouvent dans une fâcheuse dépendance vis-à-vis de ceux qui les fabriquent. Ce sont aussi des améliorations qu'il importera de naturaliser dans les campagnes.

Dans l'appareil du tissage, c'est le métier qui est la pièce la plus importante, et dont la construction a le plus d'influence sur la qualité des produits et sur la somme de travail qu'un tisserand peut exécuter. Sur un métier il réalisera du bénéfice, sur un autre il fera de la perte. L'avantage est incontestablement pour les métiers qui marchent à la navette volante. Mais sans le patronage du comité industriel, le métier Pareit qui est construit d'après ce système, ou le métier De Poorter qui a été rejeté, on doit le dire, par suite d'épreuves incomplètes, n'ont pas de chances d'être généralement adoptés. Du progrès dans le tissage dépend cependant en grande partie le maintien de notre ancienne industrie linière : l'association est appelée à lui rendre les mêmes services que l'école de tissage érigée à Barmen par le gouvernement prussien, rend à l'industrie de ce pays.

Commerce des toiles. Enfin, ce n'est qu'avec le concours de l'association ou du comité industriel que les obstacles et les difficultés de tout genre qui entourent le placement de nos produits, pourront être évités. Les désavantages que nous subissons de ce chef sont généralement connus et ont été en grande partie énumérés plus haut.

Chacune de ces améliorations, envisagée en elle-même, peut paraître d'un faible poids dans la balance ; mais groupées et réunies, elles sont de nature à contre-balancer les succès de nos rivaux. D'ailleurs la concurrence est si active et la difficulté de vendre est devenue si grande, que le moindre progrès ou le moindre avantage en industrie doit être recueilli avec soin si l'on veut réussir.

L'isolement du tisserand qui le condamne à une routine forcée, est la cause principale de notre décadence, comme la centralisation des fabriques de lin de l'Angleterre est l'origine de leur succès.

Quelques personnes révoquent cette assertion en doute, et blâment ce qui a été tenté, dans le but de réorganiser l'ancienne industrie linière, par l'établissement de comités industriels. Elles se demandent quels sont les résultats qui ont été obtenus d'une institution qui devait régénérer le commerce des toiles : on entend dire fréquemment que ces comités n'ont eu aucune influence sur la fabrication, qu'ils sont dégénérés en comités de charité, que le but est manqué, et que leurs services sont des aumônes et non le progrès du travail.

Raisonner de cette manière est évidemment injuste et illogique. On perd de vue que les meilleures choses ont besoin de temps pour prospérer, et qu'il ne faut pas faire retomber sur une institution les imperfections qui résultent de l'insuffisance des hommes qui sont appelés à la diriger. On ferait un tort immense à la population des Flandres si on abandonnait légèrement une idée qui peut être féconde en résultats, qui seule peut nous sauver, parce que seule elle peut nous donner ce qui nous manque : la centralisation qui établit la division du travail, et par conséquent les moyens de produire avec économie et avec perfection.

En Prusse aussi, des objections ont été faites au sujet des comités industriels. Cette réprobation a eu de l'écho même à l'étranger, comme le prouve le rapport fait par MM. Legentil et Goldemberg, commissaires du gouvernement français à l'exposition de Berlin. Voici un extrait de ce rapport. « L'industrie est encore isolée dans les chaumières de la Saxe et de la Thuringe. Elle n'est pour ainsi » dire que le complément des travaux agricoles. Favorisée » par la fertilité du sol, par l'abondance des matières pre- » mières, par le prix minime de la main-d'œuvre, elle n'a » pas succombé sous la concurrence étrangère; mais pour » échapper à une ruine certaine, elle n'en doit pas moins » se modifier et se placer sur d'autres bases. » Afin de conserver « la filature à la main, on forme des sociétés, on » fonde des écoles pour l'encourager. Mais ces encourage- » mens donnés dans un but louable de philanthropie et » dans l'intérêt des travailleurs pauvres, nuisent de la ma- » nière la plus évidente à la production générale. »

Le gouvernement prussien n'a pas abandonné son plan par suite des critiques plus ou moins fondées dont on l'a poursuivi, soit au-dedans, soit au-dehors. S'il s'en est ému, ç'a été pour modifier ce plan et le perfectionner. Ainsi il a fait un nouvel essai dans la vue d'une centralisation plus complète, en établissant une fabrique de toiles qui occupe 300 ouvriers. Dernièrement encore, l'évêque de Breslau a suivi cet exemple et a fondé un établissement semblable sur les terres de son église.

Si ce qui se fait en Prusse répond aux critiques auxquelles l'institution des comités industriels est en butte chez nous, nous pouvons aussi y puiser d'utiles enseignemens. Au lieu d'abandonner cette institution ou de lui conserver un caractère exclusif de charité, cherchons, en écartant ce qui la vicie, à la ramener au but primitif qui est le progrès industriel. Sans vouloir aller aussi loin que la Prusse, on pourrait examiner, par exemple, s'il ne serait pas utile d'en restreindre le nombre et d'organiser ceux qui seraient conservés avec un certain capital et un personnel plus intelligent. Que si ces comités de charité, comme on les appelle, sont devenus une nécessité au milieu de la détresse générale, il faudrait peut-être recourir à une seconde institution, celle de comités industriels modèles. Dotés de plus de ressources, ils seraient de véritables entrepreneurs d'industrie, et pourraient imprimer une impulsion nouvelle à la fabrication, parce que leur action serait plus puissante. On doit être persuadé qu'en cela réside le moyen de modifier la constitution de notre ancienne industrie linière, et que réorganisée sur d'autres bases, elle sera en état de conserver longtemps les consommateurs qui sont habitués à ses produits.

VIII. — *Nouvelle industrie linière.*

En passant en revue quelques branches de travail, dont le développement et le progrès promettent des jours meilleurs à notre population, il est nécessaire de consacrer quelques lignes à la nouvelle industrie linière. Toutefois, ce chapitre dérogera à la marche qui a été suivie dans les précédens et aussi au titre de cet opuscule. Chaque amélioration que j'ai signalée, a été accompagnée des moyens pratiques de la réaliser. En ce que j'ai à dire, au contraire, de l'industrie linière à la mécanique, des progrès peuvent être prévus pour l'avenir ; cette prévision peut être déduite de ce qu'elle est chez nos voisins, de l'immensité de la carrière qui lui est ouverte ; nous pouvons appeler son développement de tous nos vœux, comme une conquête nouvelle et indispensable à notre classe ouvrière ; mais il serait difficile d'indiquer par quelles voies elle doit être conduite chez nous aux destinées qui l'attendent.

Afin de calmer certaines craintes et certaines répugnances populaires qui s'attachent au travail des machines, il est essentiel de rappeler ici une opinion qui a été admise à l'unanimité par la commission d'enquête linière : *Les deux industries peuvent coexister ; elles peuvent se prêter un mutuel secours ; elles s'adressent à deux classes distinctes de consommateurs.*

Nous possédons, en grande partie, la première classe, dont les besoins sont satisfaits par l'ancienne industrie linière ; nous pouvons nous maintenir en cette possession par les moyens qui ont été indiqués dans le cours de ce travail ; quant à la deuxième classe de consommateurs, nous avons laissé à l'Angleterre le soin de les approvisionner. Mais le moment est venu pour la Belgique de concourir avec elle et de tâcher de saisir une part de cet immense marché, qui se compose des Etats-Unis, du Brésil, des anciennes colonies espagnoles et des contrées méridionales de l'Europe.

Si aux Etats-Unis, l'Angleterre défie toute concurrence, plusieurs négocians d'Ecosse et d'Irlande ont déclaré à la commission d'enquête que, dans l'Amérique du Sud, ils avaient la concurrence allemande à combattre : jamais il n'est question de la nôtre, comme si nous y rencontrions des obstacles auxquels nos rivaux ont su se soustraire. Il n'en est rien cependant. Si nos toiles sont soumises à des droits de douanes, celles de l'Angleterre et de l'Allemagne doivent les acquitter également. Les charges comme les avantages sont égaux pour tous les pays. Il n'y a pas de barrières qui nous excluent de ces marchés ; il n'y a pas de priviléges qui y convient la fabrication anglaise. Celle-ci cependant est parvenue à vendre annuellement aux Etats-Unis pour 40,000,000 fr. de toiles, et autant aux autres contrées de l'Amérique.

Ses exportations totales s'élèvent, d'après les dernières

statistiques qui ont été publiées (celles de 1844), à plus de 200,000,000 fr. et se divisent ainsi :

Fil de lin, 1,021,796 livres sterlings.

Fabricats de lin, 7,008,184 livres sterlings.

Et l'étendue de ce commerce doit nous surprendre d'autant plus que, jusqu'à la fin du siècle dernier, l'Angleterre ne produisait pas assez de toiles pour sa propre consommation !

Il serait superflu de rechercher à quelles causes sont dus de pareils progrès. Ces recherches exigeraient des développemens trop considérables et des considérations économiques d'une portée tout autre que celle à laquelle nous avons borné nos investigations. Il suffira de comparer la situation de l'Angleterre à celle de la Belgique, pour en conclure que, si la première possède certains avantages qui lui ont permis d'imprimer, au moyen de l'industrie linière, un essor si remarquable à la richesse publique, la seconde en possède de son côté et de bien importans qui lui permettront un jour d'entrer en lice avec sa rivale.

Les manufactures anglaises ont sur les nôtres les avantages qui résultent de la primogéniture. L'apprentissage est complet ; les capitaux sont amortis. Ces avantages toutefois ne sont que temporaires, et nous les obtiendrons par la force des choses. Mais il en est d'autres qui résultent de l'ensemble des industries de ce pays ; ce sont : la perfection des mécaniques, leur bas prix et celui du combustible. Les manufactures belges, d'autre part, paient moins cher la matière première qui est produite par notre sol ; les salaires de nos ouvriers sont également inférieurs à ceux des ouvriers anglais. Cette dernière condition, peu importante dans les filatures, l'est à un haut degré pour le tissage, pour le blanchiment, pour toutes les opérations que subit le lin avant d'arriver aux mains des consommateurs sous forme de toile. On peut donc dire que l'avance que l'Angleterre a sur nous dans la fabrication, est compensée en partie dès maintenant ou le sera certainement dans l'avenir. Mais pour le placement de ses produits, elle possède d'autres causes de supériorité, qui résultent de l'abondance des capitaux, de la possession incontestée de certains débouchés, et des relations faciles et nombreuses que son commerce a établies dans les contrées transatlantiques. Sous ce rapport, des difficultés plus grandes nous sont réservées. La Belgique ne peut pas, comme ses rivaux, faire de l'industrie à coups de millions ; il lui faudra du temps avant qu'elle ait noué des relations suivies avec ces contrées ; avant qu'elle y possède des comptoirs ou des maisons consignataires qui donnent de la sécurité à ses exportations ; il lui faudra du temps aussi pour plier sa fabrication aux goûts et aux besoins de tant de marchés divers qui ont été jusqu'à présent fermés pour elle. Toutefois, ces obstacles ne sont pas insurmontables ; l'industrie drapière, après sa transformation, est parvenue à les surmonter, et, comme elle, la nouvelle industrie linière, qui débute par le rôle modeste de disputer à son aînée le marché intérieur, et à la fabrication française une partie du marché français, peut prétendre à entrer en lutte avec la fabrication anglaise sur les marchés transatlantiques. On aime à nourrir l'espoir que cette direction lui sera imprimée dans l'intérêt de la richesse publique et dans celui de la classe ouvrière des Flandres, laquelle y puiserait un soulagement efficace à ses souffrances.

Conclusion.

Ce court exposé des moyens qui nous restent pour atténuer la misère des populations flamandes, ne répond certes pas à l'importance de la matière : ce n'est que l'esquisse d'un grand tableau, que le prologue d'un grand livre, qu'un canevas d'études interminables, auxquelles le paupérisme convie les bons esprits de notre époque. N'en doutons pas, il en est parmi nous qui sont en état de s'y livrer avec fruit. Quant à moi, il m'aura suffi d'avoir indiqué la route à suivre, et d'avoir émis quelques vues utiles peut-être à desrecherches ultérieures et plus complètes. Dès à présent néanmoins, j'espère avoir prouvé qu'à côté de nos souffrances, il existe des remèdes et que ces remèdes résident dans le travail. C'est aussi l'opinion constamment professée par un de nos publicistes les plus distingués, qui l'a résumée avec sa verve habituelle dans les lignes suivantes : (1)

« En somme, c'est le travail seul qui produit le bien-être

(1) Le MONACTOPOLE.

» et la richesse ; c'est au défaut de travail que l'on doit » attribuer la misère publique.

» Or, le travail est le fond qui manque le moins, il y en » a pour tout le monde et plus que pour tout le monde ; » mais il n'est pas organisé, pas encouragé, pas garanti.

» Voilà la véritable plaie de toutes les époques, et la faute » tout entière en est aux chefs de l'atelier social, dont toute » la préoccupation devrait consister à chercher, à trouver, » à inventer le travail, comme un bon fabricant s'occupe » à chercher des commandes pour ne pas laisser chômer » ses ouvriers. Dès qu'il n'en est pas ainsi et que les chefs » s'amusent, banquettent et se promènent, insoucians de » ce qui se passe dans leurs usines, et laissent faire à cha- » cun ce qui lui plaît, l'atelier se ruine, se ferme, et les » ouvriers sont sur le pavé. »

FIN.

www.ingramcontent.com/pod-product-compliance
Lightning Source LLC
LaVergne TN
LVHW020047170826
845678LV00001B/469
9782329691497